中国雷电监测报告

(2009)

中国气象局 编

内容简介

本书在对比了 2008 年全国雷电活动情况下，对国家雷电监测定位网监测到的云地闪的位置和密度进行时空分析统计，逐月总结了我国 2009 年全年雷电活动情况，详细统计了 2009 年全年雷电（回击）密度、雷暴日、雷电小时数、雷电极性、雷电频数、平均强度和雷电发生规律等各项雷电气候参数及 2009 年全国雷电探测站运行情况。着重分析了全国部分省（区、市）局部区域的雷电活动特征，其中在 2008 年基础上增加了对吉林省、辽宁省、山东省和安徽省的雷电活动情况分析。最后，本书总结了 2009 年中国气象局为其他部门和行业开展的雷电灾害公共服务、行业服务和专项服务三个方面的预警服务工作。

本书是一部 2009 年雷电活动的资料和工具书，可供气象领域的科学研究、教学人员使用，也可供电力、农林、航天航空、交通、地理等部门进行防灾减灾决策等参考。

图书在版编目（CIP）数据

中国雷电监测报告. 2009 / 中国气象局编. —北京：气象出版社，2010.4
ISBN 978-7-5029-4966-2

Ⅰ. ①中… Ⅱ. ①中… Ⅲ. ①雷-监测-研究报告-中国-2009 ②闪电-监测-研究报告-中国-2009 Ⅳ. ①P427.32

中国版本图书馆 CIP 数据核字（2010）第 066111 号

Zhongguo Leidian Jiance Baogao
中国雷电监测报告（2009）
中国气象局编

出版发行：气象出版社			
地　　址：北京市海淀区中关村南大街 46 号		邮政编码：100081	
总 编 室：010-68407112		发 行 部：010-68409198	
网　　址：http://www.cmp.cma.gov.cn		E-mail：qxcbs@263.net	
责任编辑：陈　红		终　　审：周诗健	
封面设计：博雅思企划		责任技编：吴庭芳	
印　　刷：北京佳信达恒智彩印有限公司			
开　　本：787mm×1092mm　1/16		印　　张：8	
版　　次：2010 年 4 月第 1 版		字　　数：205 千字	
印　　次：2010 年 4 月第 1 次印刷			
定　　价：75.00 元			

本书如存在文字不清、漏印以及缺页、倒页、脱页等，请与本社发行部联系调换

中国雷电监测报告(2009)编写领导小组

组　长：宋连春

组　员：李　柏　周央杰　吴可军　张雪芬

编写人员

主　编：马启明

副主编：迟文学　庞文静　刘达新　王建凯　雷　勇
　　　　施丽娟

编　委：陈　瑶　孙兆滨　杨亚南　陈　庆　宋佳军
　　　　周　义　李翠娜　薛红喜　陈冬冬　李肖霞
　　　　韩承松　王小兰　郭　伟　张　鑫

前　言

我国地处温带和亚热带地区,雷暴活动十分频繁,雷电灾害是我国最严重的自然灾害之一。雷电作为自然界中影响人类活动的严重灾害之一,不仅造成了人员伤亡,也给我国航空航天、国防、通讯、计算机、电子工业、化工石油、邮电、交通、森林等行业造成了严重的经济损失。

截至 2009 年 12 月,按照监测预警工程规划要求国家雷电监测网新增雷电监测站 80 个。将贵州和青海两省于 2008 年自建的 12 个雷电监测站也纳入国家雷电监测网。相比 2008 年 183 个雷电监测站,2009 年共增加 92 个站,国家雷电监测网的雷电监测站总数达 275 个,覆盖了大部分的国土面积。

中国气象局十分重视雷电防御工作,最近几年进一步加强了雷电监测和预警服务,通过加强科学研究和技术开发,提高了雷电防御水平。首先,《中国雷电监测报告》(2009 年)在对比了 2008 年全国雷电活动情况下,对国家雷电监测定位网监测到的云地闪的电流强度和密度进行时空分析统计,逐月总结了我国 2009 年全年雷电活动情况,详细统计了 2009 年全年雷电(回击)密度、雷暴日、雷电小时数、雷电极性、雷电频数、平均强度和雷电发生规律等各项雷电气候参数及 2009 年全国雷电探测站运行情况。其次,重点分析了全国部分省(区、市)局部区域的雷电活动特征,并在 2008 年的基础上增加了对吉林省、辽宁省、山东省和安徽省的雷电活动情况分析。最后,《中国雷电监测报告》(2009 年)总结了 2009 年中国气象局为其他部门和行业开展的雷电灾害公共服务、行业服务和专项服务三个方面的预警服务工作,并充分利用现代信息传播方式,及时发布雷电灾害预警信息,为各级政府及有关部门做好防雷减灾工作提供科学的决策依据。

在本书的编撰过程中得到了各个方面的大力支持和热情鼓励,特别感谢中国气象局气象探测中心领导、专家和同仁们对本书内容编写所提出的宝贵意见和给予的有益指导!

此外,由于编写时间仓促,书中难免存在不足或不妥之处,恳请广大读者不吝赐教。

编者

2010 年 4 月 18 日

目 录

前 言

第一部分 2009年全国雷电活动概况

一、2009年1月雷电活动情况 …………………………………………………… (1)
二、2009年2月雷电活动情况 …………………………………………………… (1)
三、2009年3月雷电活动情况 …………………………………………………… (3)
四、2009年4月雷电活动情况 …………………………………………………… (3)
五、2009年5月雷电活动情况 …………………………………………………… (6)
六、2009年6月雷电活动情况 …………………………………………………… (7)
七、2009年7月雷电活动情况 …………………………………………………… (8)
八、2009年8月雷电活动情况 …………………………………………………… (10)
九、2009年9月雷电活动情况 …………………………………………………… (10)
十、2009年10月雷电活动情况 ………………………………………………… (12)
十一、2009年11月雷电活动情况 ……………………………………………… (13)
十二、2009年12月雷电活动情况 ……………………………………………… (15)
十三、2009年全年的雷电活动情况总结 ……………………………………… (15)

第二部分 2009年全国雷电气候参数统计

一、2009年全国雷电(回击)密度分布图 ……………………………………… (18)
二、2009年全国雷暴日分布图 …………………………………………………… (19)
三、2009年全国雷电小时数分布图 ……………………………………………… (19)
四、2009年全国雷电极性分布图 ………………………………………………… (20)
五、2009年全国雷电频数分布图 ………………………………………………… (21)
六、2009年全国负闪(回击)平均强度分布图 …………………………………… (21)
七、2009年全国正闪(回击)平均强度分布图 …………………………………… (23)

第三部分 2009年部分省(区、市)雷电密度、雷暴日分布图

一、北京市 ………………………………………………………………………… (24)
二、上海市 ………………………………………………………………………… (26)
三、天津市 ………………………………………………………………………… (28)
四、重庆市 ………………………………………………………………………… (30)
五、黑龙江省 ……………………………………………………………………… (32)

六、河北省…………………………………………………………………………(34)
七、山西省…………………………………………………………………………(36)
八、河南省…………………………………………………………………………(38)
九、湖北省…………………………………………………………………………(40)
十、陕西省…………………………………………………………………………(42)
十一、宁夏回族自治区……………………………………………………………(44)
十二、四川省………………………………………………………………………(46)
十三、云南省………………………………………………………………………(48)
十四、贵州省………………………………………………………………………(50)
十五、广西壮族自治区……………………………………………………………(52)
十六、珠江三角洲地区……………………………………………………………(54)
十七、湖南省………………………………………………………………………(56)
十八、江西省………………………………………………………………………(58)
十九、江苏省………………………………………………………………………(60)
二十、浙江省………………………………………………………………………(62)
二十一、福建省……………………………………………………………………(64)
二十二、吉林省……………………………………………………………………(66)
二十三、辽宁省……………………………………………………………………(68)
二十四、山东省……………………………………………………………………(70)
二十五、安徽省……………………………………………………………………(72)

第四部分　2009年全国雷电监测信息行业服务

一、全国主要机场年雷暴日、雷电密度分布及雷电强度值 …………………(74)
二、全国主要港口年雷暴日、雷电密度分布及雷电强度值 …………………(80)
三、全国主要发电厂年雷暴日、雷电密度分布及雷电强度值 ………………(82)
四、西昌卫星发射中心年雷暴日、雷电密度分布及雷电强度值 ……………(91)
五、太原卫星发射中心年雷暴日、雷电密度分布及雷电强度值 ……………(93)

第五部分　2009年全国雷电信息专项服务

一、初春长江中下游地区雷电活动………………………………………………(96)
二、5月份华北黄淮地区雷电活动………………………………………………(98)
三、6月3日河南飑线过程雷电活动……………………………………………(100)
四、6月8日北京市雷电活动……………………………………………………(102)
五、国庆期间雷电活动……………………………………………………………(103)
六、南部地区11月9—10日雷电活动…………………………………………(104)
附录：全国雷电监测网运行情况统计……………………………………………(109)
一、国家雷电监测网单个探测站运行情况………………………………………(109)
二、国家雷电监测网各省(区、市)探测站运行情况……………………………(118)

第一部分
2009 年全国雷电活动概况

一、2009 年 1 月雷电活动情况

2009 年 1 月份全国只有云南、河南、四川等少数地区有零星、局地的雷电活动,总闪数为 986 次,较 2008 年同期增加约 78.6％,其中正闪 394 次,正闪占总闪的比例为 39.96％。雷电活动位置见图 1.1。

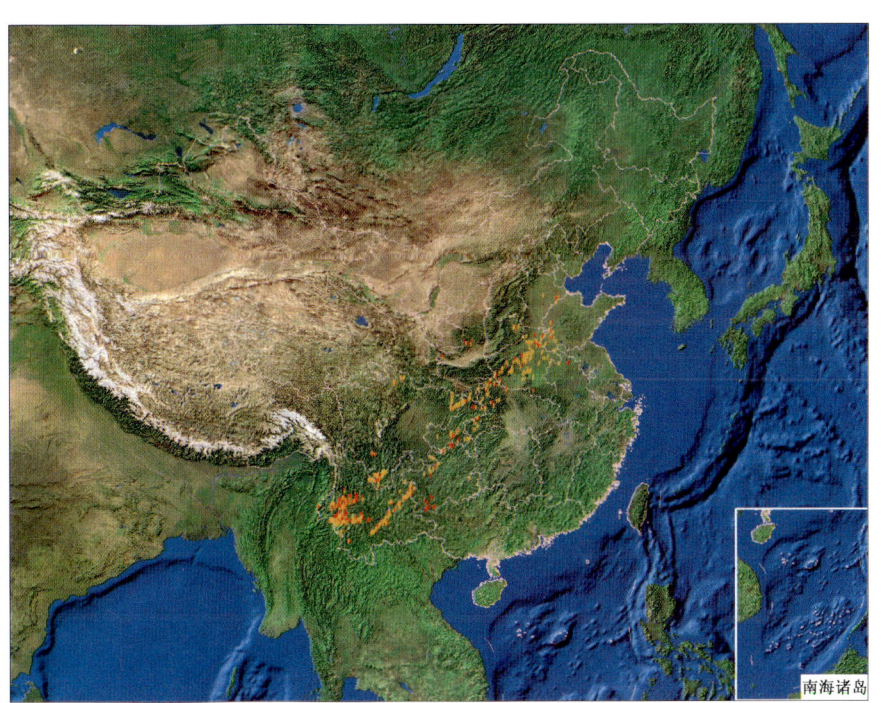

图 1.1 2009 年 1 月雷电活动分布图
(红色表示正闪、橙色表示负闪)

二、2009 年 2 月雷电活动情况

2009 年 2 月份我国雷电活动较 1 月份范围明显增大、数量增多,雷电活动主要集中在沿长江和淮河流域一带的湖南、湖北、江西、贵州、浙江、江苏、安徽、上海等省市,以及云南西部边

陲地区,全国共监测到雷电活动85324次,其中正闪7771次,负闪77553次,正闪占总闪比例9.1%。闪电总数较去年同期增加了88倍之多。全国雷电活动位置见图1.2。

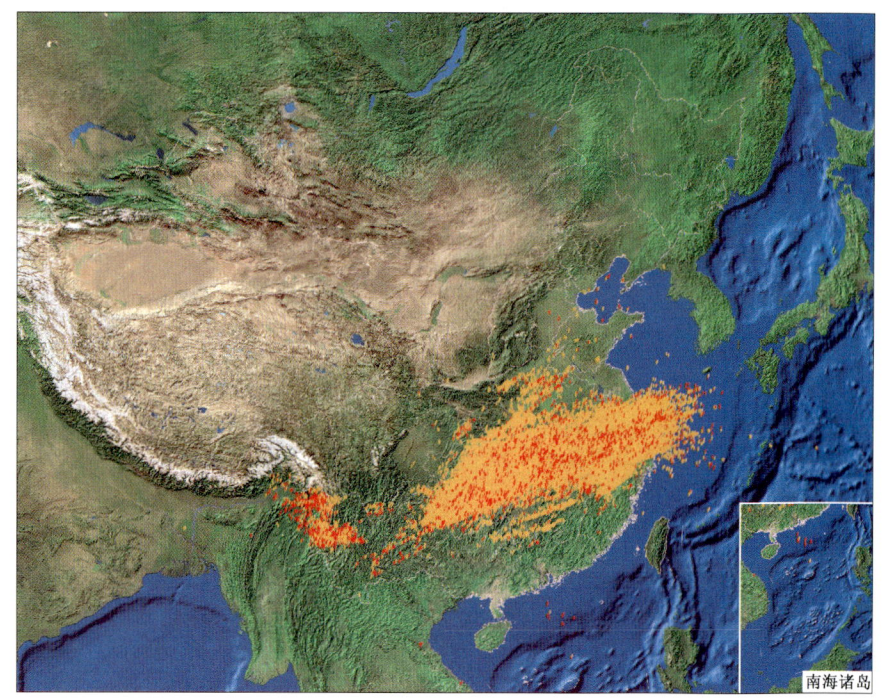

图1.2　2009年2月雷电活动分布图
（红色表示正闪、橙色表示负闪）

雷电活动从2月下旬开始活跃,时间主要集中在24—27日,其中24日的雷电数为23771次,是2006年至今2月份单日雷电数最多的一天,与往年同期雷电数比较如图1.3所示。

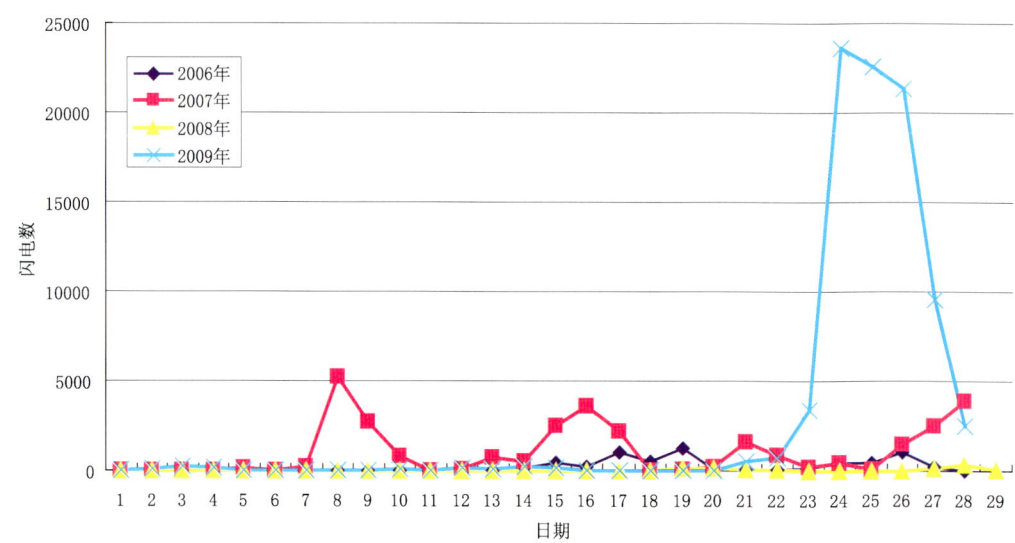

图1.3　2009年2月雷电频数逐日分布图

三、2009 年 3 月雷电活动情况

2009 年 3 月份我国雷电较 2 月份活动范围进一步增大，基本涵盖了我国南部和中东部所有区域，活动范围主要集中在云南、贵州、重庆、湖南、江苏、安徽、湖北、广东、福建、上海等省市，以及广西、四川部分地区。3 月份我国雷电较 2 月份活动数量也明显增多，全国共监测到雷电 208024 次，其中正闪 23406 次，正闪占总闪比例 11.25%。闪电总数是去年同期的 5 倍左右，雷电位置分布见图 1.4。

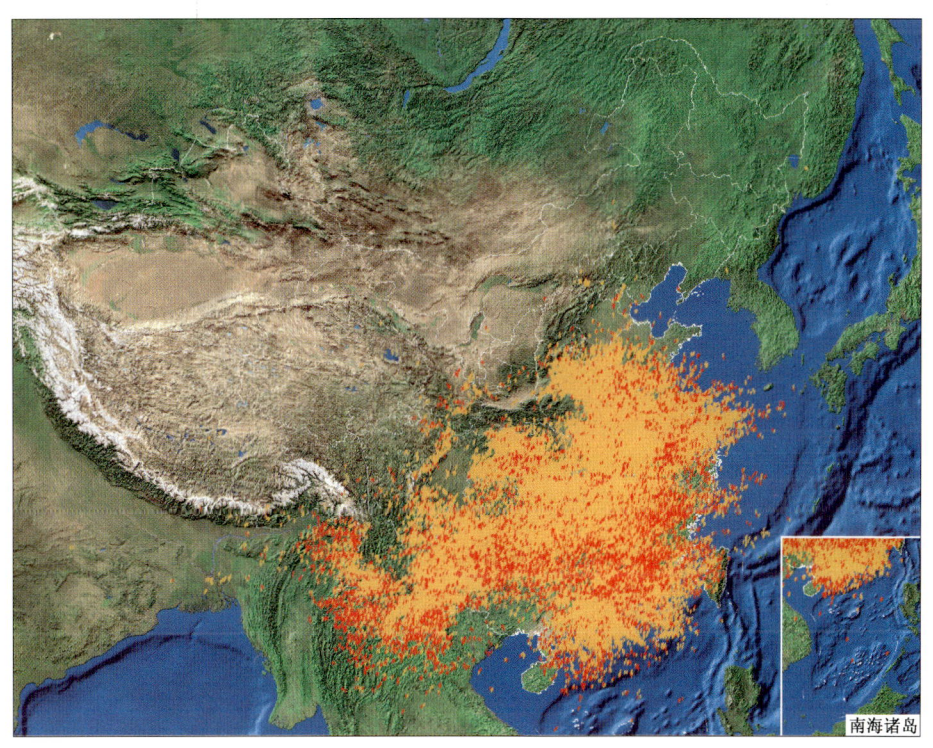

图 1.4　2009 年 3 月雷电活动分布图
（红色表示正闪、橙色表示负闪）

雷电活动主要集中在 3—4 日、21 日、27—28 日，其中最多一天（21 日）的雷电数超过 70000 次，与往年同期数据比较如图 1.5 所示。

四、2009 年 4 月雷电活动情况

2009 年 4 月份中国气象局国家雷电探测网共探测到雷电数据 134726 次，其中正闪 22048 次，负闪 112678 次。雷电总数相比去年同期数据减少了 55% 左右，雷电位置分布见图 1.6。

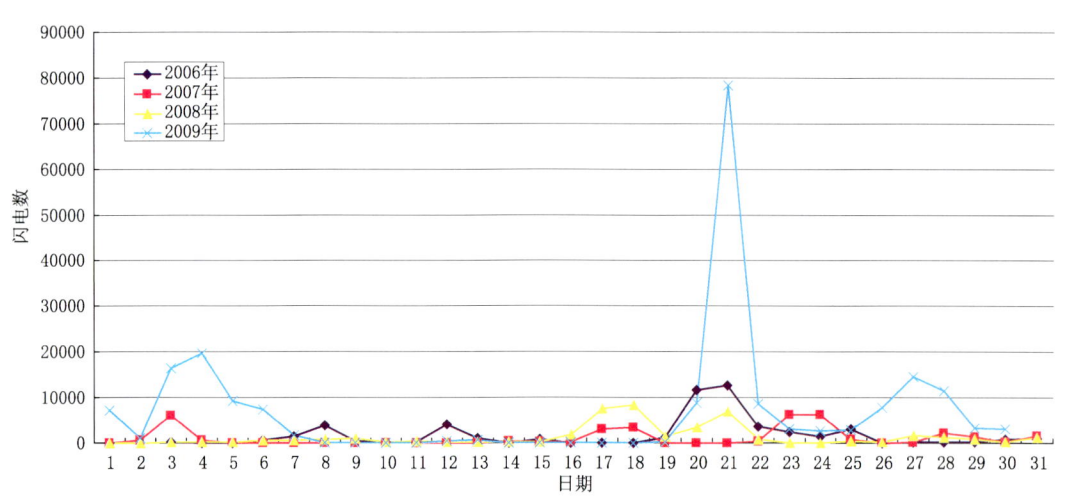

图 1.5　2009 年 3 月雷电频数逐日分布图

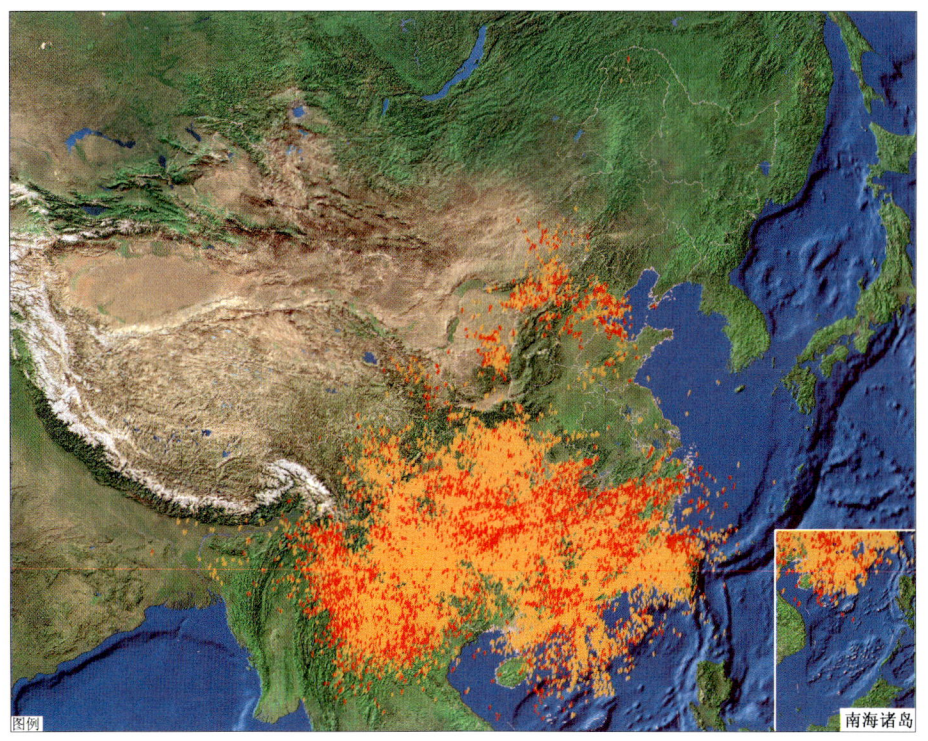

图 1.6　2009 年 4 月雷电活动分布图
（红色表示正闪、橙色表示负闪）

雷电活动主要集中在 10—12 日，其中最多一天（10 日）的雷电数超过 22000 次，与往年同期数据比较如图 1.7 所示。

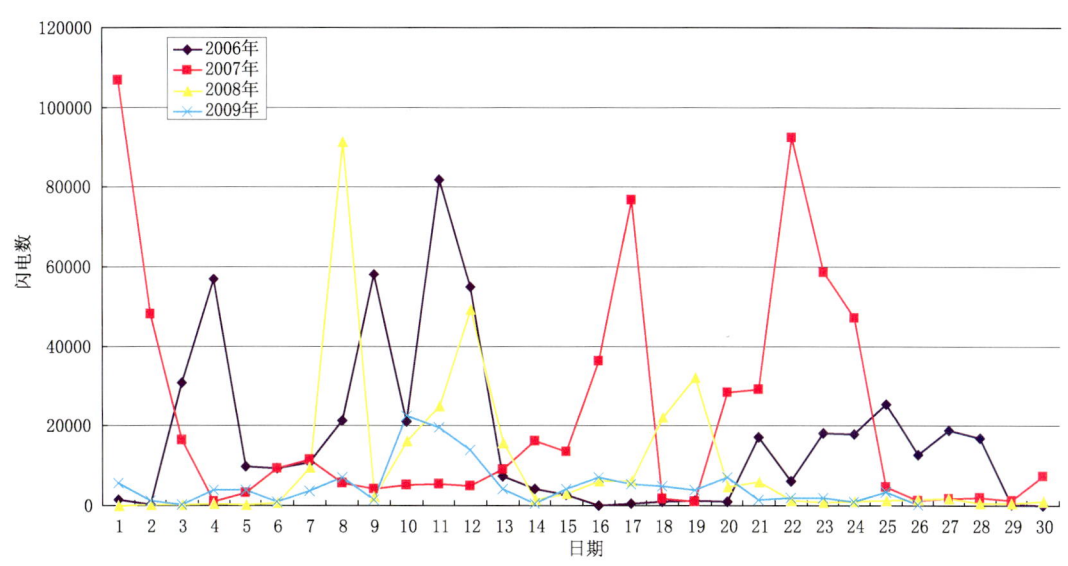

图 1.7　2009 年 4 月雷电频数逐日分布图

4 月份雷电活动主要集中在云南、贵州、重庆、湖南、江西、福建、广东等省（市），以及四川、湖北、广西等省（区）的部分地区，另外，华北地区京津、河北和山西部分地区也有少量零星的雷电活动。总体上，活动强度比往年同期有所减弱，雷电密度较高的地区在云南和贵州一带，全国的雷电密度分布见图 1.8。

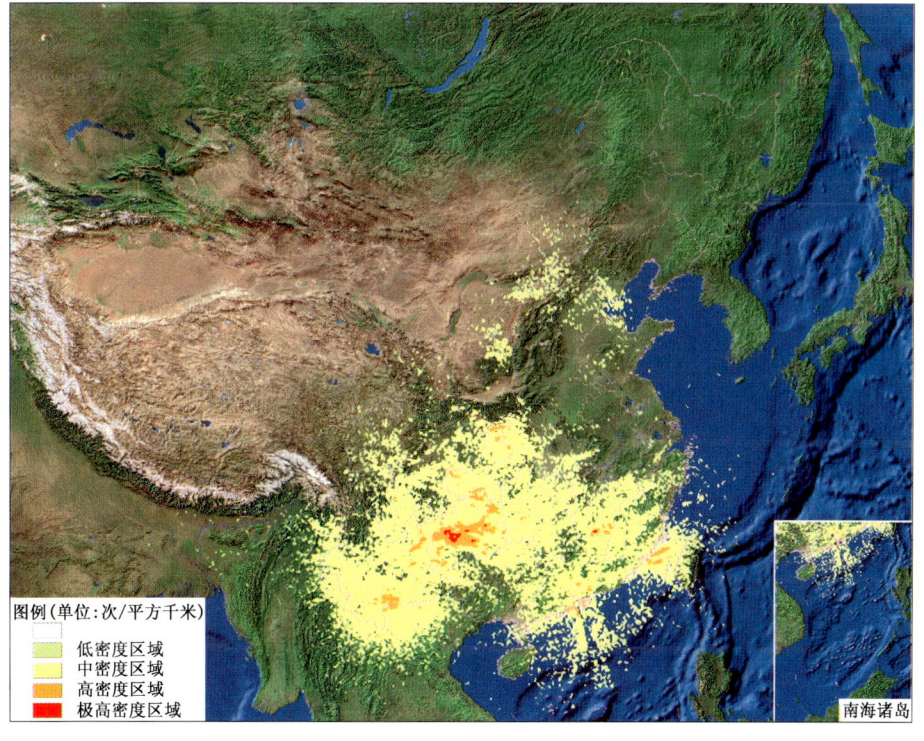

图 1.8　2009 年 4 月雷电密度分布图

五、2009 年 5 月雷电活动情况

2009 年 5 月份中国气象局国家雷电探测网共探测到雷电数 174978 次,其中正闪 17539 次,负闪 157439 次。雷电活动与往年同期相比数量明显减少,总数仅相当于 2008 年同期的 20% 左右。雷电位置分布见图 1.9。

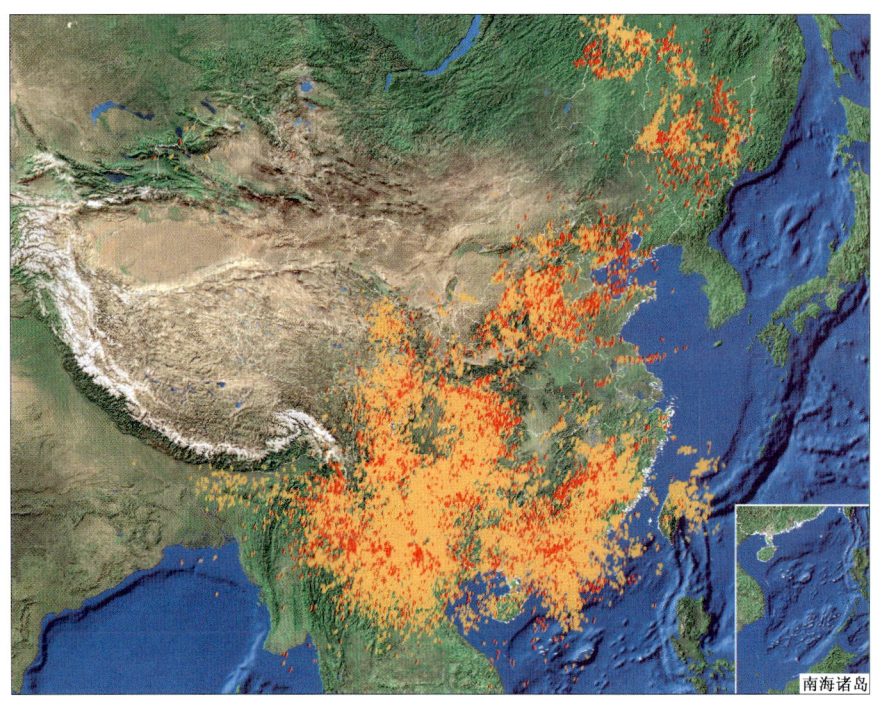

图 1.9　2009 年 5 月雷电活动分布图
(红色表示正闪、橙色表示负闪)

雷电活动主要集中在 12 日、13 日、17 日、18 日、22 日、28 日,其中最多一天(12 日)的雷电数达到 21028 次,具体时间分布如图 1.10 所示。

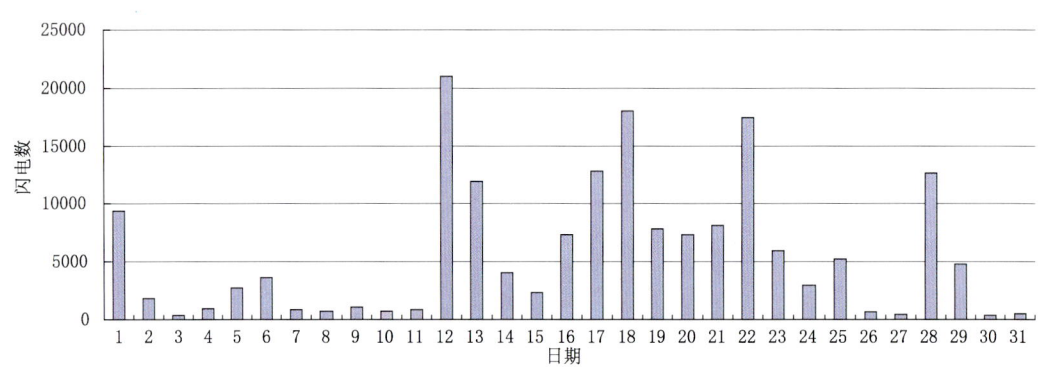

图 1.10　2009 年 5 月雷电频数逐日分布图

5月份雷电活动范围较大,以西南、华南、长江上游地区居多,西北、华北地区居中,东北三省部分地区、内蒙古东北部和海南地区也出现了局地雷电。雷电高密度区域主要集中在广东、贵州、云南、四川、福建等地区。雷电活动密度分布如图1.11所示。

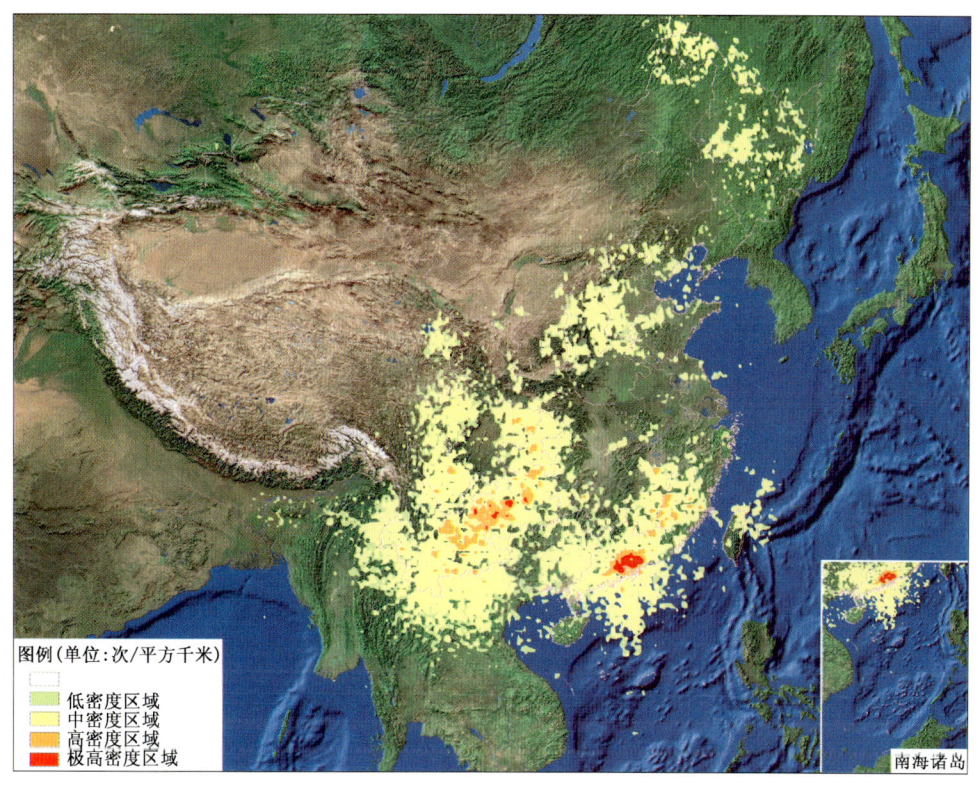

图1.11 2009年5月雷电密度分布图

六、2009年6月雷电活动情况

2009年6月份全国的雷电活动频繁,国家雷电探测网共探测到雷电数1923250次,其中正闪112770次,负闪1810480次。雷电总数是今年前5个月探测到雷电总数的3倍多,比去年同期增加了约1倍左右。

6月份雷电活动密度分布如图1.12所示,从图中可以看出,我国南方和中部大部分地区都处于雷电活动密度较大的区域,华北和东北的部分地区也开始出现雷电活动密度较大的区域。其中,雷电密度最高区域(每平方千米发生雷电活动10次以上)位于浙江省长兴县、四川省南部县、湖北省钟祥市等地区。

雷电活动有两个活跃阶段,第一阶段发生在19—22日,主要集中在西南、江淮、江南和华南等地区;另一时间段为27日、28日,主要集中在东北北部、西南大部、湖北、河南、江苏和湖南等地区,这与6月的强对流天气系统的活动相对应,具体时间分布如图1.13所示。

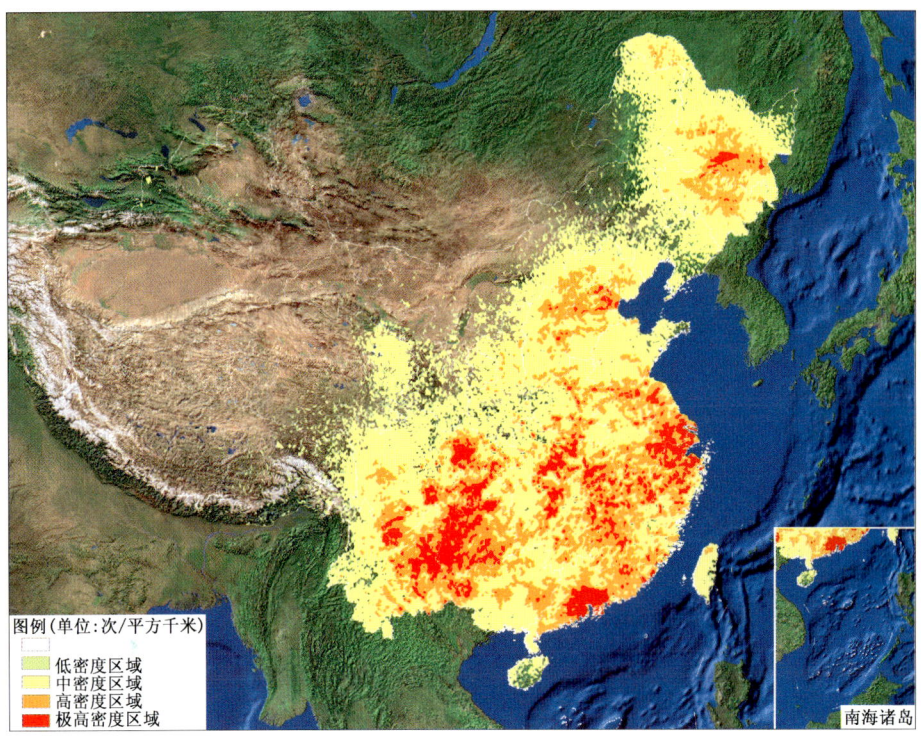

图 1.12 2009 年 6 月雷电密度分布图

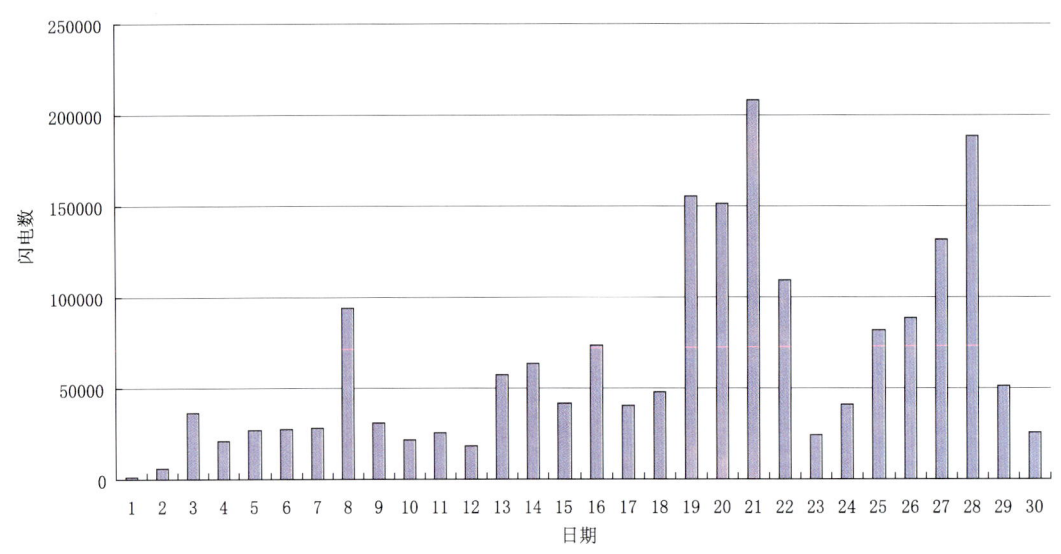

图 1.13 2009 年 6 月雷电频数逐日分布图

七、2009 年 7 月雷电活动情况

2009 年 7 月雷电活动数量相比 6 月有所减少,中国气象局国家雷电探测网共探测到雷电数 1671885 次,其中正闪 91069 次,负闪 1580816 次。闪电总数仅相当于去年同期的 50% 左右。

7月份雷电活动遍及全国各地,图1.14为7月份雷电活动密度图,从图中可知雷电极高密度区域主要集中在西南、江淮、江南、华南等地区,其中活动最频繁的四川省共探测到雷电153834次。华北和东北地区也是雷电活动的高密度区。

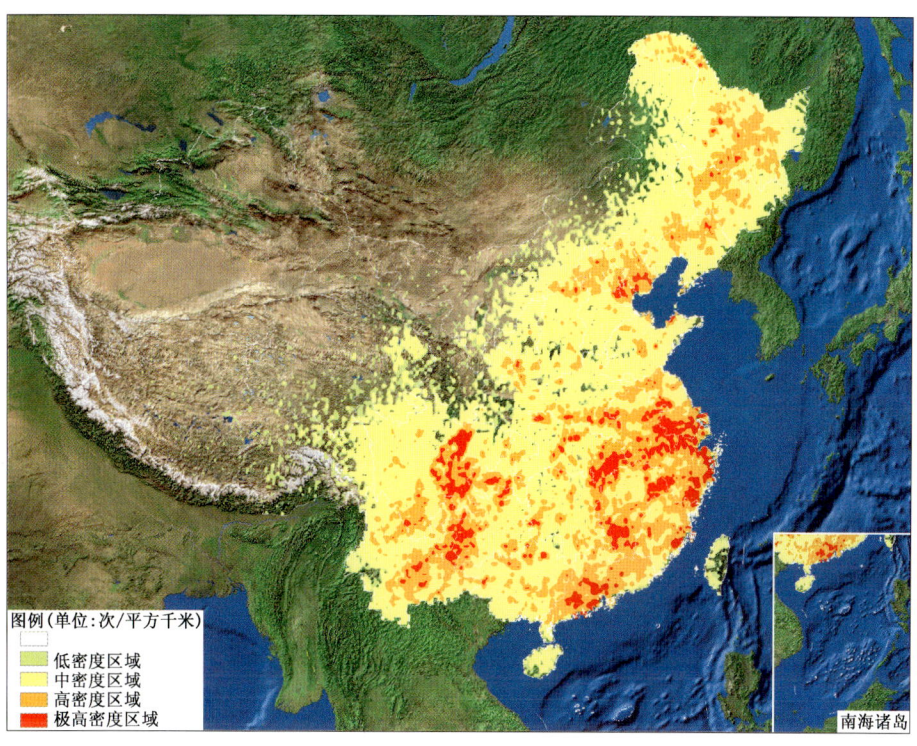

图1.14　2009年7月雷电密度分布图

7月份平均每日雷电数达到53932次,雷电活动主要集中在11日、12日、20—25日、29—31日,其中最多一天(23日)的雷电数超过12万次,具体数据如图1.15所示。

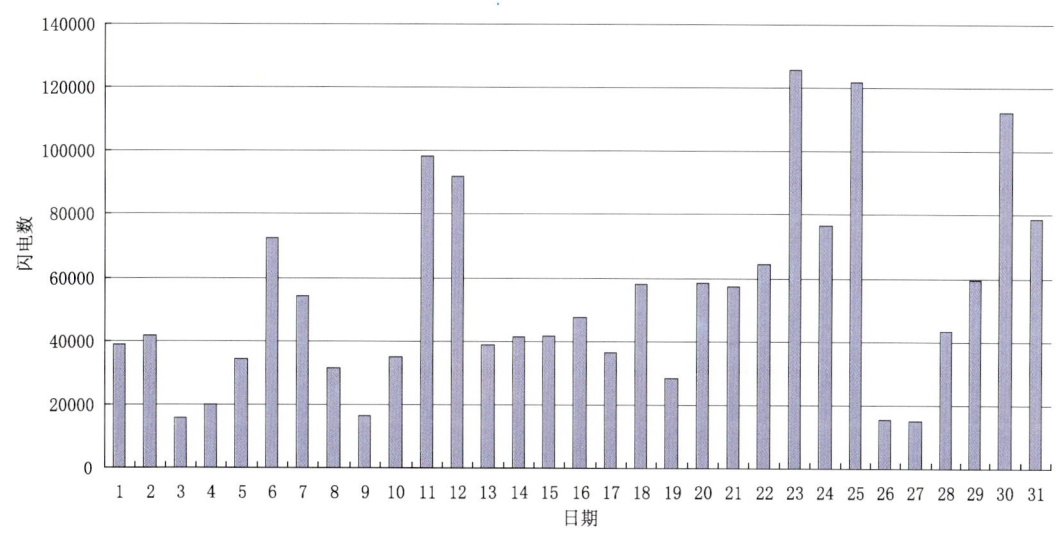

图1.15　2009年7月雷电频数逐日分布图

八、2009年8月雷电活动情况

2009年8月中国气象局国家雷电探测网共探测到雷电数2825947次,其中正闪90721次,负闪2735226次。8月份雷电活动数量较前几个月有明显增多,雷电数量占1—8月份雷电总数的40%左右,但比去年同期减少了约10%。

8月份平均每日雷电数达到91160次,雷电活动主要集中在26—29日,其中最多一天(26日)的雷电数接近30万次,是1—8月份日探测雷电数量最多的一天,具体数据如图1.16所示。

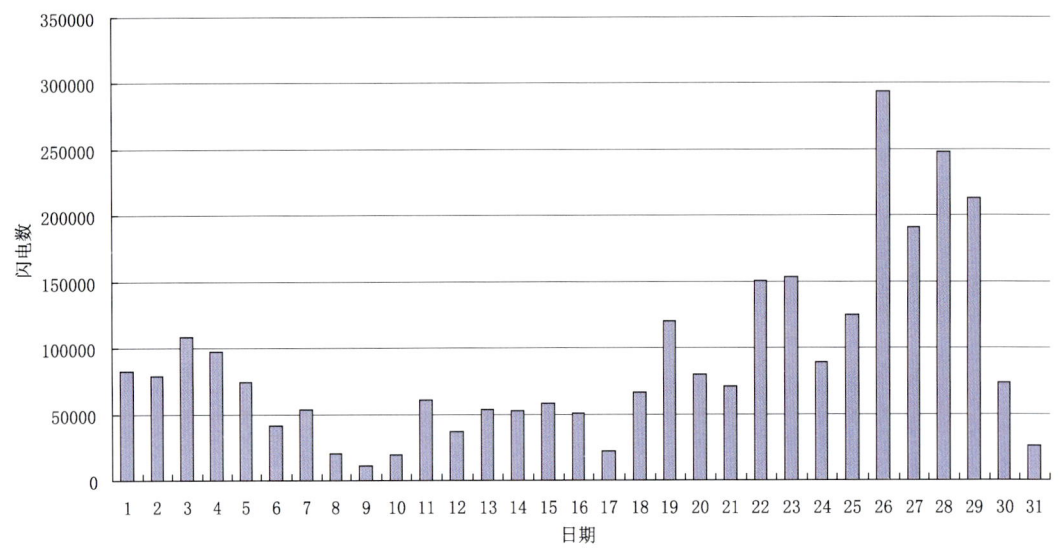

图1.16 2009年8月雷电频数逐日分布图

8月份雷电活动遍及全国各地,图1.17为8月份雷电活动密度图,雷电极高密度区域主要集中在西南、江淮、江南、华南等地区。和7月份相同,8月份活动最频繁省份还是四川省,共探测到雷电247964次。华北地区、山东半岛和内蒙古东部地区的雷电密度较7月份明显增强,雷达密度等级也达到了极高。

九、2009年9月雷电活动情况

2009年9月雷电活动比前几个月明显减少,数量仅为8月份的32%左右,中国气象局国家雷电探测网共探测到雷电数据916000次,其中正闪44481次,负闪871519次。雷电总数相比去年同期减少33.1%。

9月份平均每日雷电数达到30534次,雷电活动主要集中在9、17—20日,其中最多一天(20日)的雷电数达到9万多次,具体数据如图1.18所示:

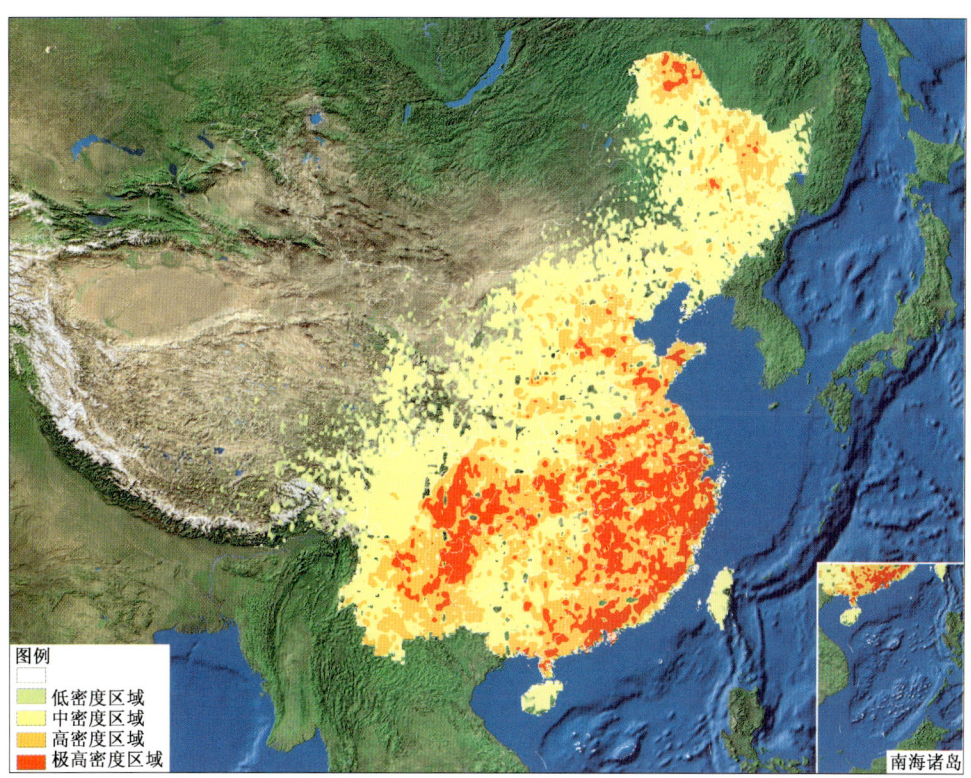

图 1.17　2009 年 8 月雷电密度分布图

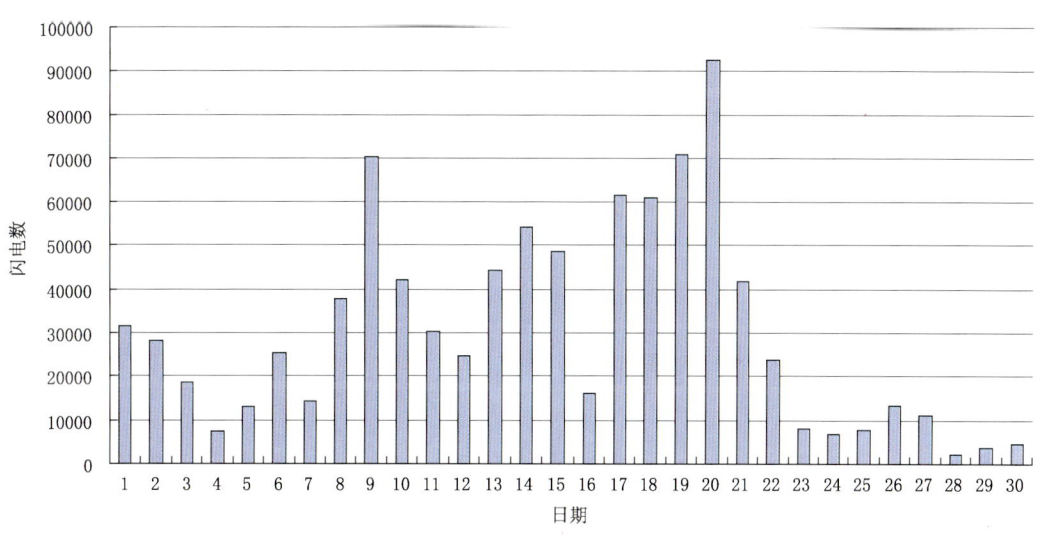

图 1.18　2009 年 9 月雷电频数逐日分布图

9月份雷电的活动范围也较8月有所缩小,主要集中在华北北部、东北、西南、江南和华南地区等。图 1.19 为 9 月份雷电活动密度图,雷电极高密度区域主要集中在四川、广东、广西、江西等省(区),另外,海南东北部也成为了雷电密度极高的地区。和 8 月份相同,9 月份活动最频繁省份还是四川省,共探测到雷电 146705 次。青海省东部地区雷电发生密度也较上月有所增强。

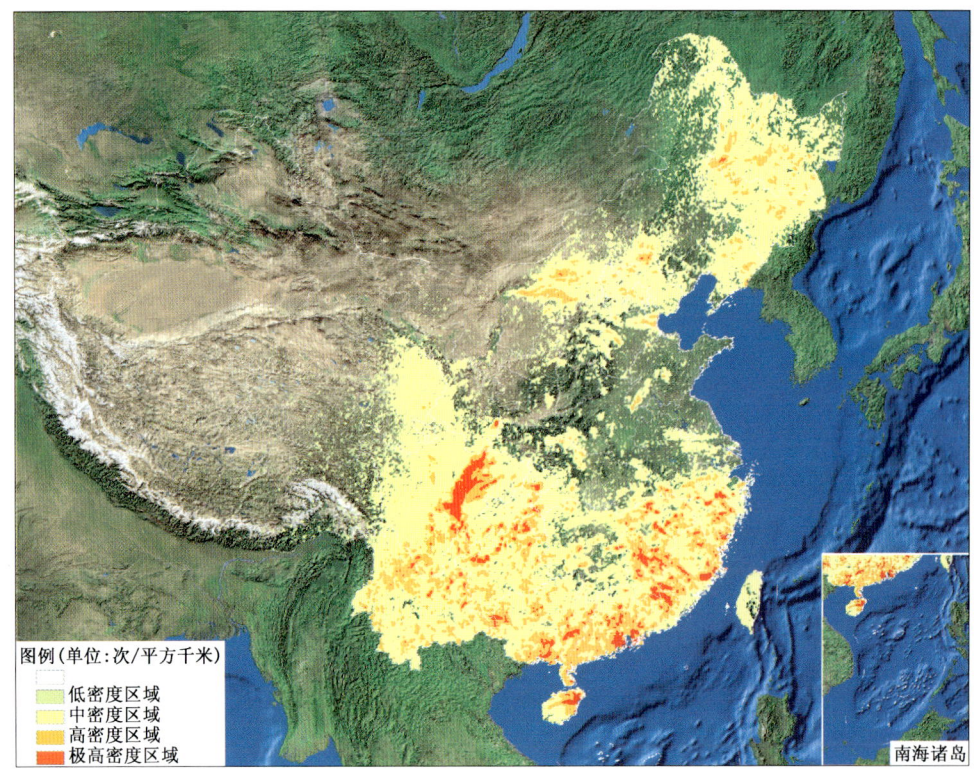

图 1.19　2009 年 9 月雷电密度分布图

十、2009 年 10 月雷电活动情况

2009 年 10 月雷电活动相比前几个月继续减少,雷电数量仅为 9 月份的 9% 左右,中国气象局国家雷电探测网共探测到雷电数 80278 次,其中正闪 15821 次,负闪 64457 次。雷电数量相比去年同期减少 40% 左右。

10 月份平均每日雷电数达到 2590 次,雷电活动主要集中在 3 日、16 日、30 日,其中最多一天(3 日)的雷电数达到 1 万多次,具体数据如图 1.20 所示。

10 月份雷电活动范围也相对较小,主要集中在吉林、辽宁、山西、山东、云南、海南等地区。图 1.21 为 10 月份雷电活动分布图。

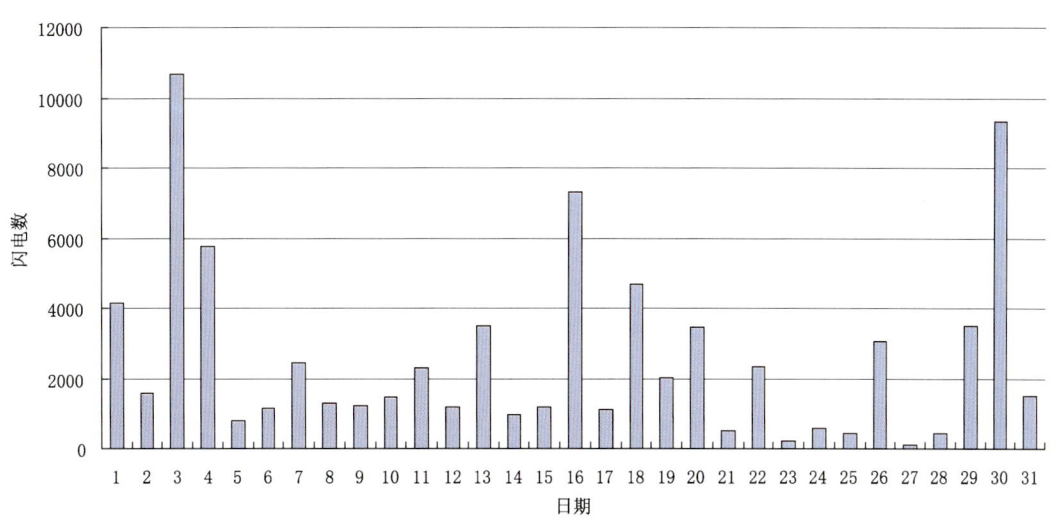

图1.20　2009年10月雷电频数逐日分布图

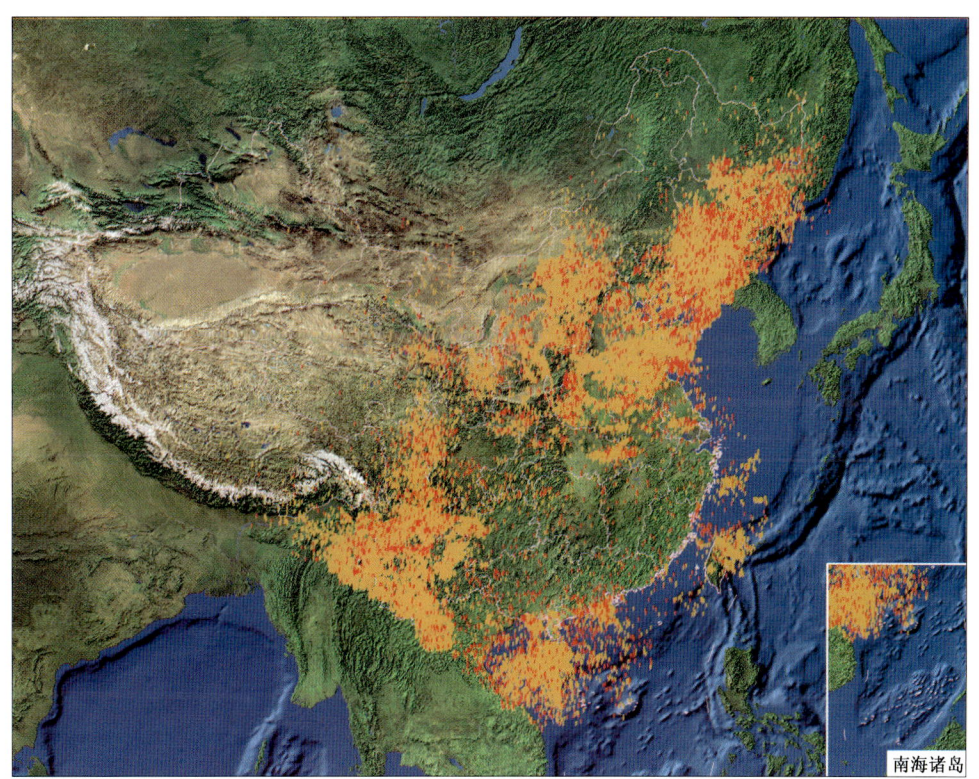

图1.21　2009年10月雷电活动分布图
（红色表示正闪、橙色表示负闪）

十一、2009年11月雷电活动情况

2009年11月中国气象局国家雷电探测网共探测到雷电数144236次，其中正闪10885次，负闪133351次。雷电数量远大于上年11月份的13230次，相比今年10月份80278次也增加近80%。

11月份平均每日雷电数达到4808次,雷电活动主要集中在8—10日,其中最多一天(10日)的雷电数达到11万多次,其他时间段多为零星雷电活动。详见图1.22所示。

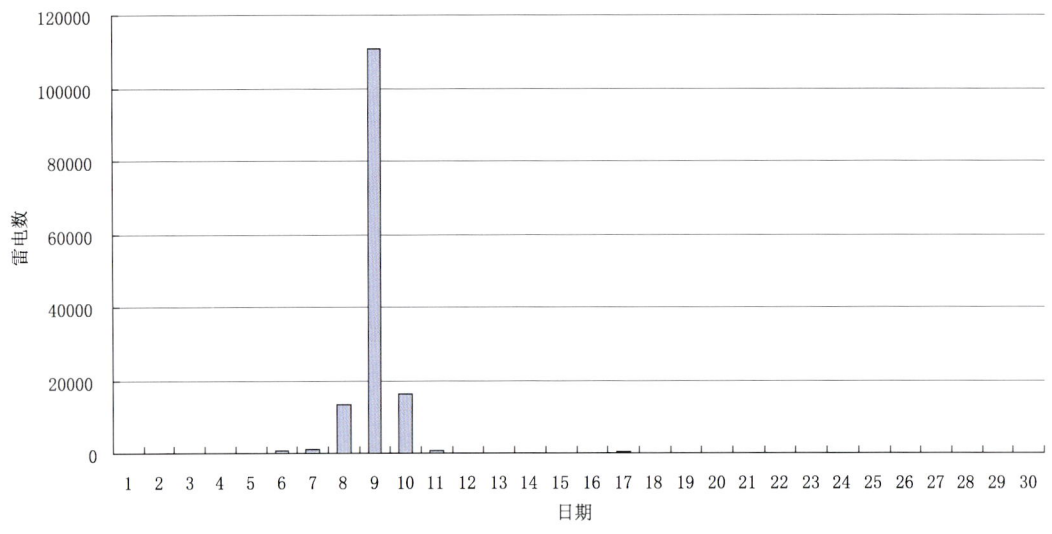

图1.22 2009年11月雷电频数逐日分布图

11月份雷电的活动范围主要集中在长江中下游地区和福建、广东地区,山西、河北地区有少量零星雷电活动。图1.23为11月份雷电活动分布图。

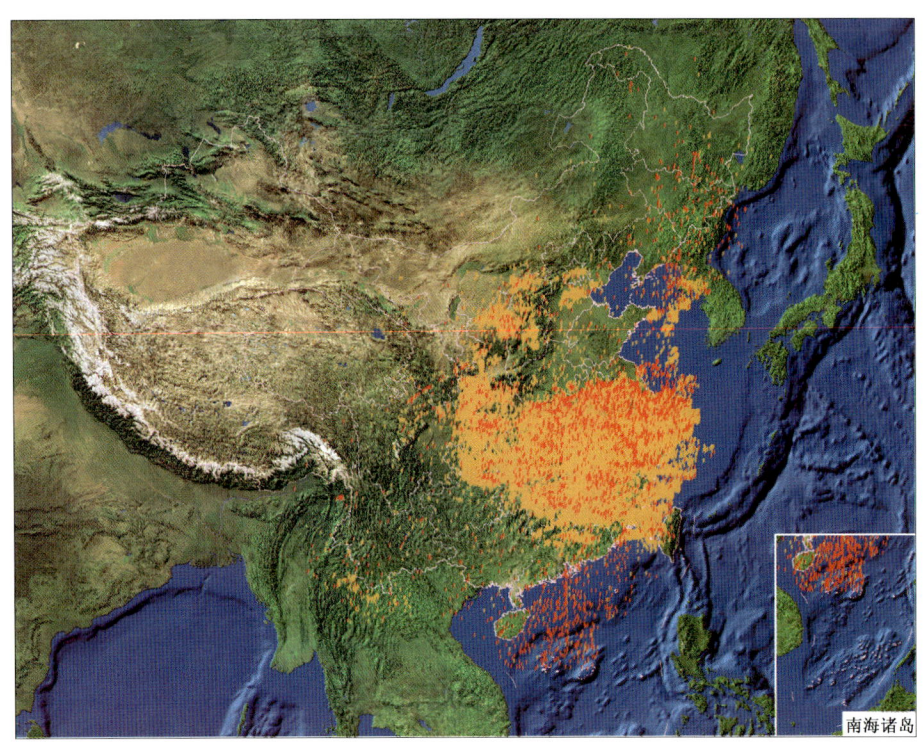

图1.23 2009年11月雷电活动分布图
(红色表示正闪、橙色表示负闪)

十二、2009 年 12 月雷电活动情况

2009 年 12 月我国内陆地区雷电很少,仅在我国贵州、湖南、云南、四川和江西等地有零星雷电。图 1.24 为 12 月份雷电活动分布图。

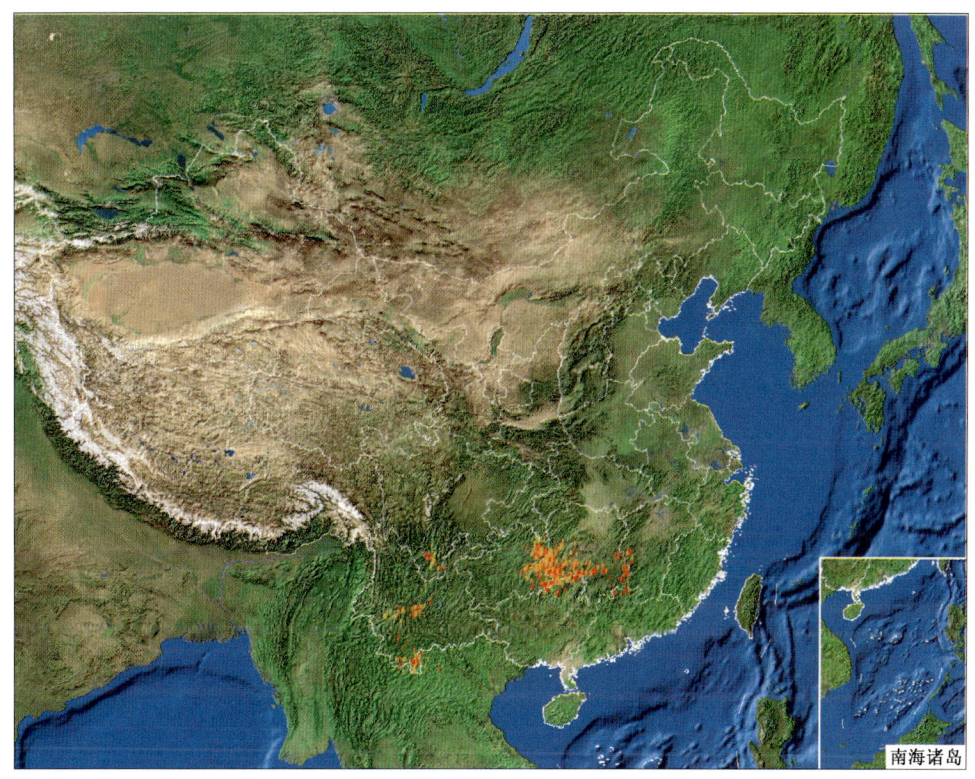

图 1.24　2009 年 12 月雷电活动分布图
(红色表示正闪、橙色表示负闪)

十三、2009 年全年的雷电活动情况总结

2009 年 1—11 月全国共发生云地闪 816.6 万次,与 2008 年 1013.4 万次相比明显偏少。与往年相比,今年的雷电天气系统来得早、去得晚,活动区域更加集中。

在惊蛰(3 月 5 日)前后,长江以南就开始出现较大规模的雷电天气过程。在 11 月份,黄淮以北出现大面积降雪雷电天气,全国共发生云地闪 14.4 万次,比 2008 年同期高出 13.1 万次。全年华北、东北云地闪次数较往年明显增多,南方地区明显减少。

1. 时间特点

2009 年 1—3 月份,云地闪数量较往年明显增加,尤其在 2 月、3 月达到近四年的最高值;

在 4—5 月、7—10 月云地闪数量较往年同期偏少,其中,7 月为近四年同期的最低值;6 月、11 月云地闪数量较 2008 年同期明显增加,其中 11 月较 2008 年同期多出近 10 倍。

2. 分布特点

2009 年全国云地闪密度数值比 2008 年明显偏小,分布区域与往年相似。广东珠江三角洲、贵州省西南部、上海南部和浙江省北部地区以及湖北省南部和江西省南部仍旧为云地闪高密度区域,平均密度低于 2008 年。北方部分省份如河北省北部、山东省南部地闪高密度较 2008 年有所增强。

3. 全国雷暴日分布情况

我国年雷暴日数在 60 天以上的地区主要有:广东省、福建省南部、贵州省西南部、云南省东北部以及四川省西南部区域。长江以南仍旧是我国雷暴日数较多区域。2009 年雷暴日数为 20~30 天和 40~60 天的区域比 2008 年明显增大,2009 年广东珠三角地区雷暴日数最高达 117 天。2009 年黑龙江的中南部雷暴日达 30 天以上,较 2008 年有明显增加。

具体见图 1.25、图 1.26 和表 1.1:

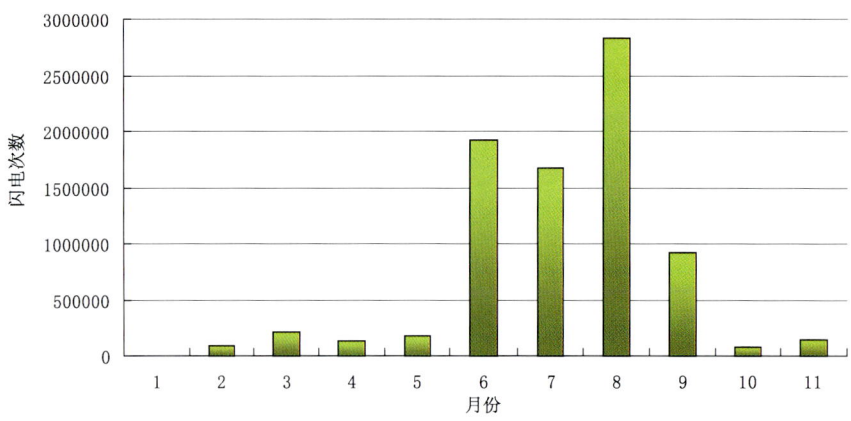

图 1.25　2009 年逐月雷电数分布图

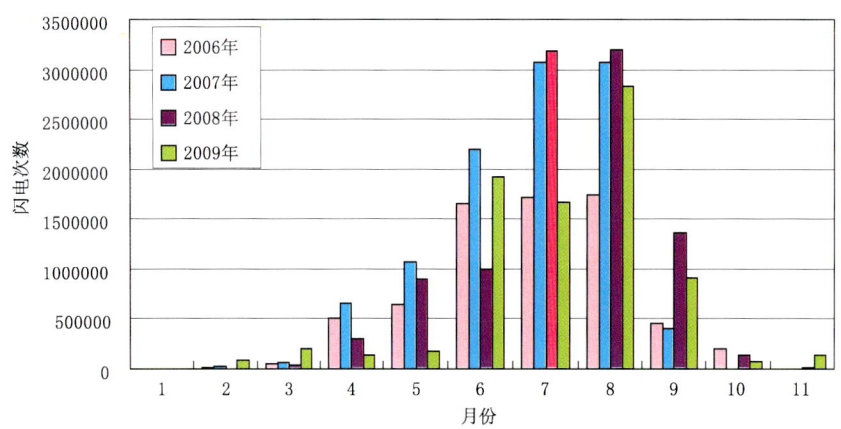

图 1.26　2006—2009 年逐月雷电数分布图

表 1.1　2006—2009 年逐月雷电数分布表(单位:次)

年度 月份	2006	2007	2008	2009	同 2008 年相比
1	443	1153	552	986	+78.6%
2	6383	30036	951	85324	+8872.0%
3	51458	64816	41050	208024	+406.8%
4	505786	654204	302050	134726	−55.4%
5	647861	1071653	903364	174978	−80.6%
6	1655474	2201535	1000452	1923250	+92.2%
7	1718297	3067956	3182768	1671885	−47.5%
8	1741205	3076144	3192403	2825947	−11.5%
9	449351	398673	1362753	916000	−32.8%
10	200535	—	133683	80278	−39.9%
11	—	—	13230	144236	+990.4%
12	—	—	—	—	—

第二部分
2009 年全国雷电气候参数统计

一、2009 年全国雷电(回击)密度分布图

2009 年全国云地闪密度数值比 2008 年明显偏小,分布区域与往年相似。广东珠江三角洲、贵州省西南部、上海南部和浙江省北部地区以及湖北省南部和江西省南部仍旧为云地闪高密度区域[图 2.1,单位:闪电次数/(平方千米·年)],平均密度低于 2008 年。北方部分省份如河北省北部、山东省南部地闪高密度较 2008 年有所增强。

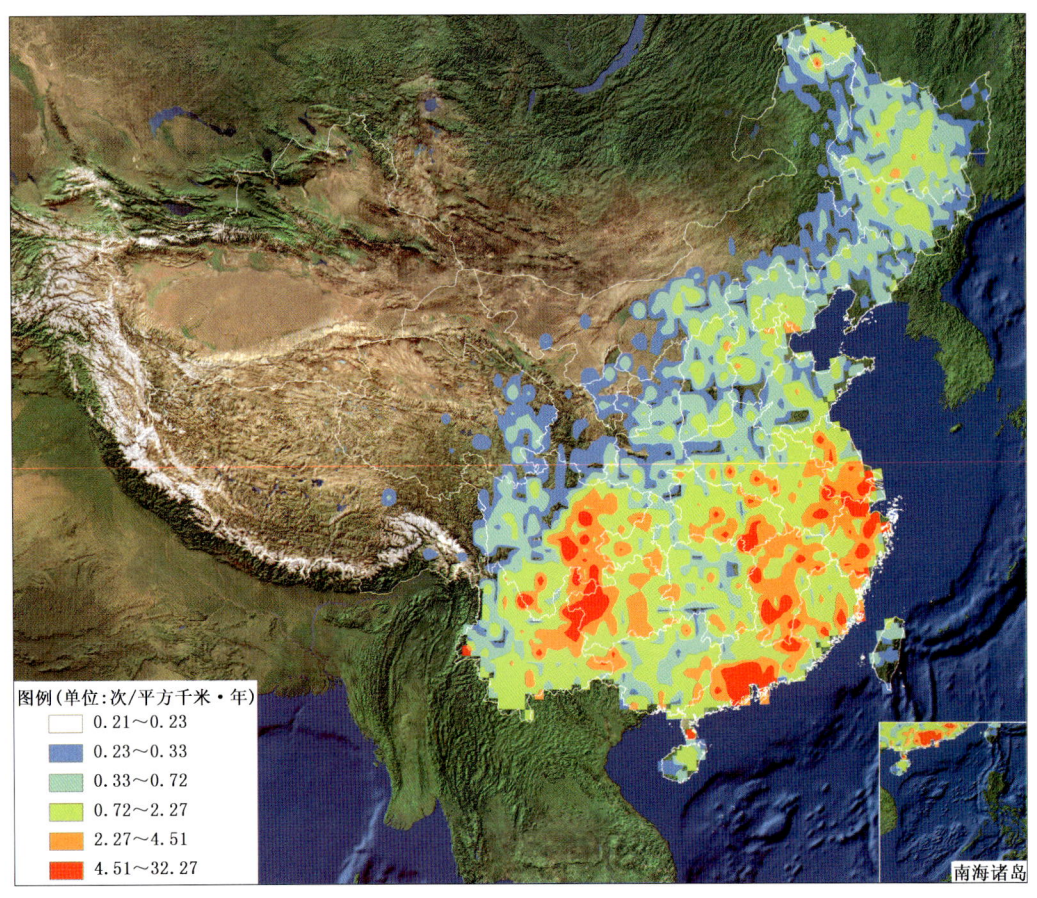

图 2.1　2009 年全国雷电密度分布图

二、2009 年全国雷暴日分布图

我国年雷暴日数在 60 天以上的地区主要有：广东省，福建省南部，贵州省西南部，云南省东北部以及四川省西南部区域。长江以南仍旧是我国雷暴日数较多区域。2009 年雷暴日数为 20~30 天和 40~60 天的区域比 2008 年明显增大，2009 年广东珠三角地区雷暴日数最高达 117 天。

2009 年黑龙江的中南部雷暴日达 30 天以上，较 2008 年有明显增加。图 2.2 为 2009 年全国雷暴日分布图，单位：天/(20×20 平方千米·年)。

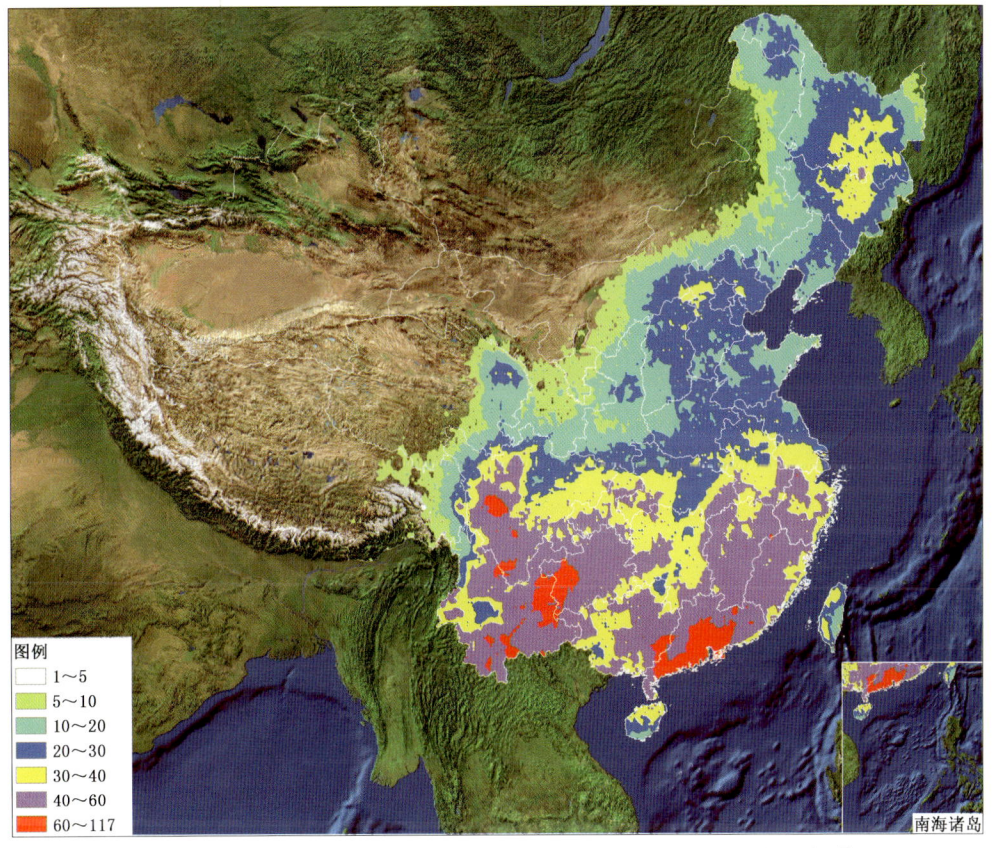

图 2.2　2009 年全国雷暴日分布图[单位：天/(20×20 平方千米·年)]

三、2009 年全国雷电小时数分布图

2009 年全国雷电小时数分布区域与 2008 年基本类似，高值地区依旧集中在广东南部、贵州西南部等区域（图 2.3，单位：小时），整体分布强度较去年偏弱，特别是华北大部、湖南、广西大部区域雷电小时数明显减弱，但是在东北地区雷电小时数增加显著。

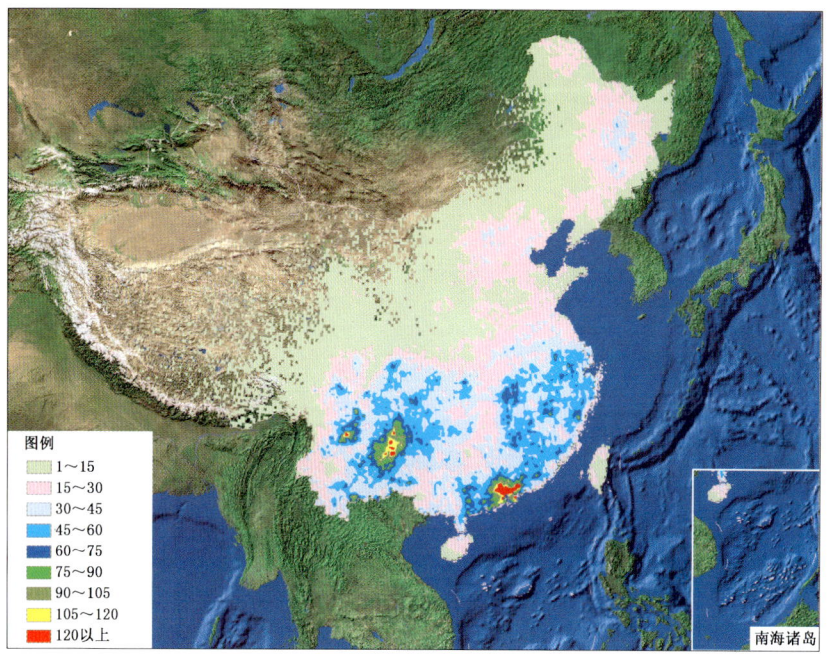

图 2.3　2009 年全国雷电小时数分布图[单位:小时/(10×10 平方千米·年)]

四、2009 年全国雷电极性分布图

2009 年全国雷电极性分布(正闪百分比)整体较去年有所增强,特别是长江以南部分地区正闪百分比达到 15% 以上,长江以北大部地区正闪百分比达到 30% 以上(图 2.4)。

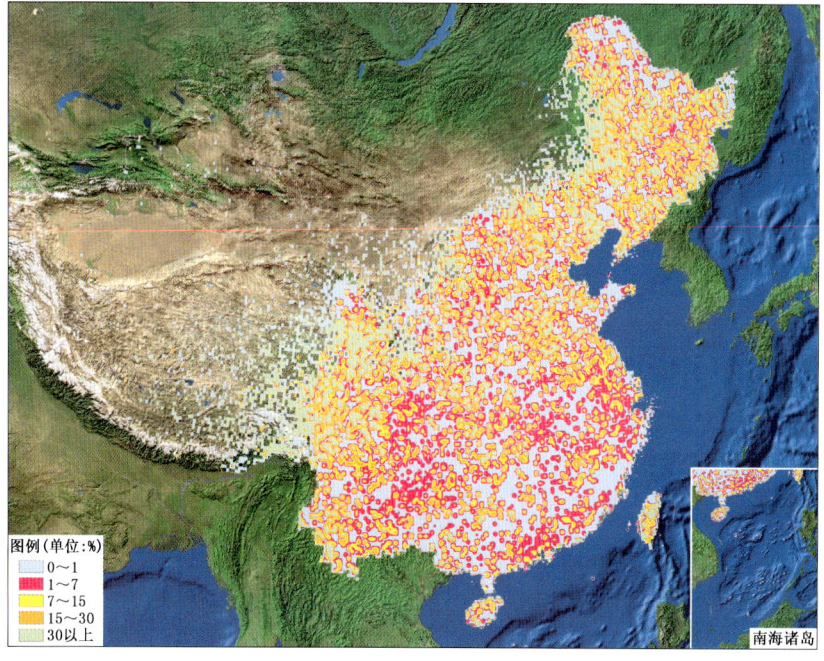

图 2.4　2009 年全国雷电极性(正闪百分比)分布图

五、2009 年全国雷电频数分布图

2009 年全国雷电频数分布高值区域与去年分布基本类似,集中在广东南部、四川东部、湖北中部、江苏、浙江、江西等区域,雷电频数达到 6 次/小时以上的区域较去年有所增加,特别是东北地区南部、长江中下游地区雷电频数显著增强(图 2.5)。

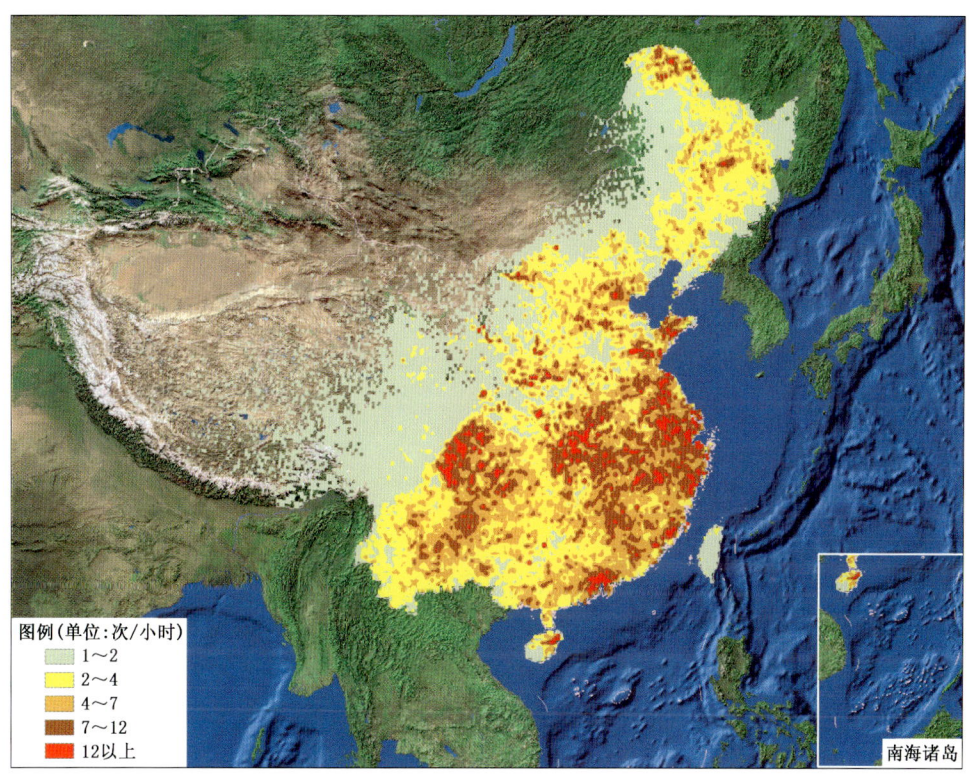

图 2.5　2009 年全国雷电频数分布图

六、2009 年全国负闪(回击)平均强度分布图

2009 年全国雷电负闪平均强度分布区域与往年相似,整体强度分布较去年有所减弱,40 千安以上的区域分布范围较 2008 年明显减小,特别是东北地区南部平均强度集中在 20～40 千安之间,在西北部分区域、湖南中部地区、海南部分地区平均强度也比去年偏小(见图 2.6)。

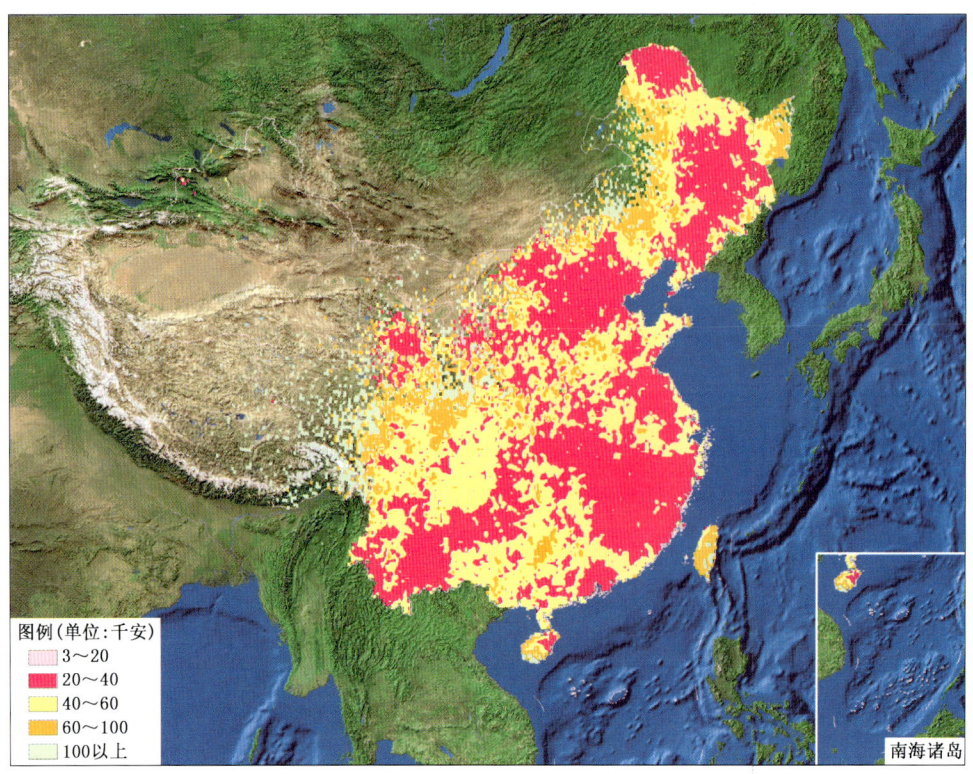

图 2.6 2009 年全国负闪平均强度分布图

统计 2009 年负回击电流强度的分布,见直方图 2.7,从图中可以看出:负回击峰值集中在 −30 千安,范围在 −10～−275 千安之间。

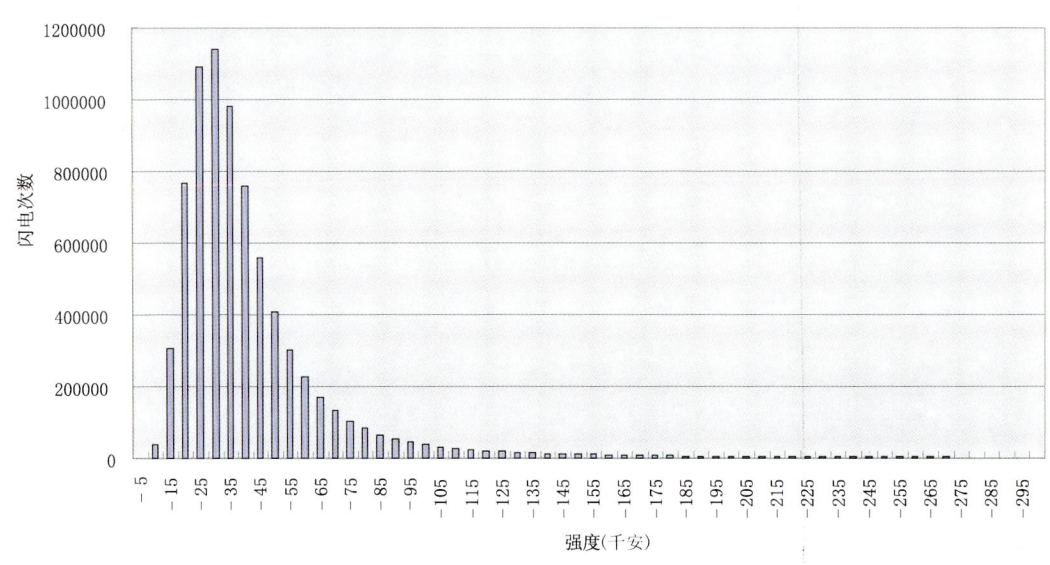

图 2.7 2009 年全国平均负闪强度分布图

七、2009年全国正闪(回击)平均强度分布图

2009年全国雷电正闪平均强度分布区域与往年相似,整体强度分布较去年有所增强,平均强度主要集中在40~60千安(见图2.8)。

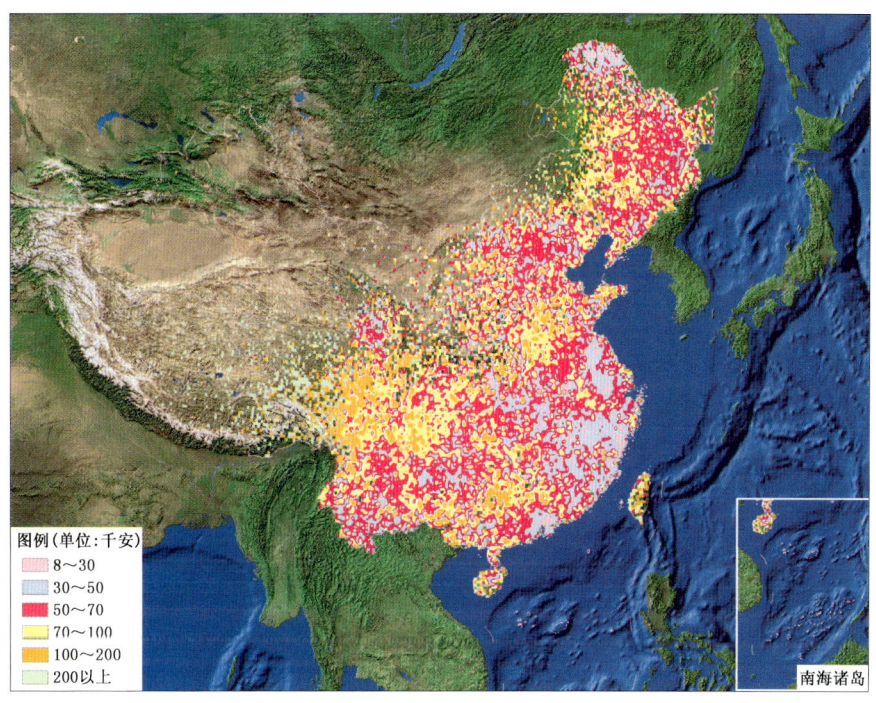

图2.8 2009年全国正闪平均强度分布图

统计2009年正回击电流强度的分布,见直方图2.9,从图中可以看出:正闪的第一回击峰值集中在35千安,范围在5~300千安之间。

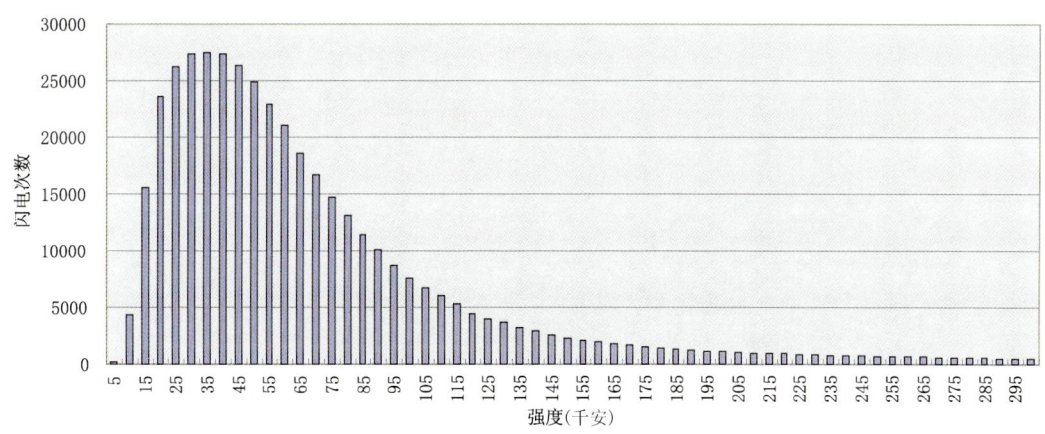

图2.9 2009年全国平均正闪强度分布图

第三部分

2009年部分省（区、市）雷电密度、雷暴日分布图

一、北京市

2009年北京市共发生闪电22146次，其中正闪1604次，负闪20542次，每月雷电发生次数见表3.1和图3.1。与2008年相比，雷电总数减少了9169次。从3月份开始有零星雷电活动，6—9月是雷电高发期，其中8月份雷电活动次数最多，10月份和11月份有零星雷电活动。

表3.1　北京市2009年逐月雷电数统计表

月份	总闪数	正闪数	负闪数
1	0	0	0
2	0	0	0
3	3	1	2
4	42	25	17
5	18	3	15
6	6136	326	5810
7	5785	1010	4775
8	8389	80	8309
9	1627	122	1505
10	71	28	43
11	75	9	66
12	—	—	—
合计	22146	1604	20542

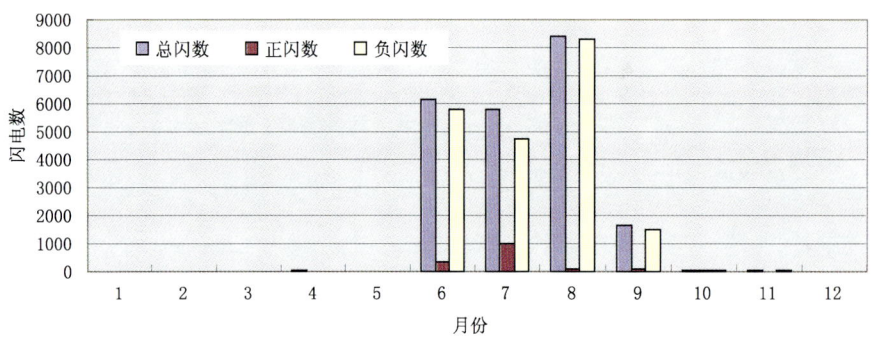

图3.1　2009年北京市逐月雷电数统计直方图

北京市雷电密度分布如图3.2所示,高密度区域为中心城区一带、房山区北部和延庆县、密云县、怀柔区的部分零散地区,最高雷电密度为3.71次/(平方千米·年)。北京市雷暴日分布如图3.3,年雷暴日数为31天,雷暴月数为9个月。

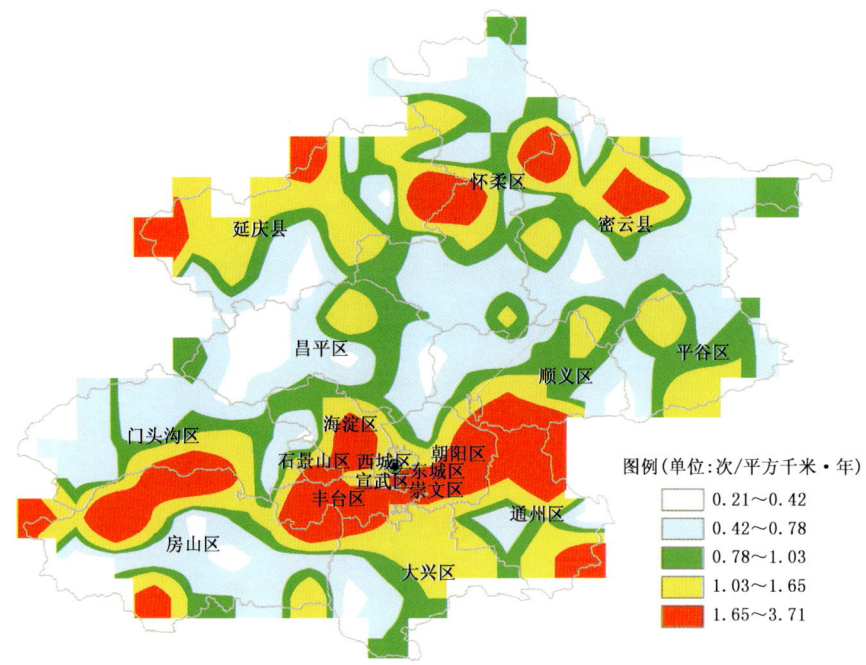

图3.2 2009年北京市雷电密度分布图

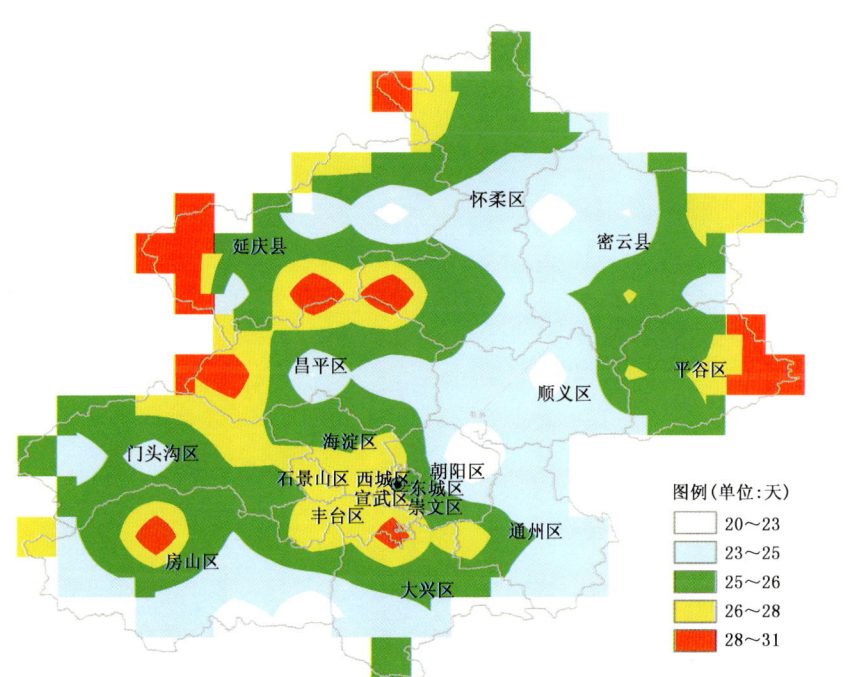

图3.3 2009年北京市雷暴日分布图

二、上海市

2009年上海市共发生闪电35823次,其中正闪864次,负闪34959次,每月雷电发生次数见表3.2和图3.4。与2008年相比,总闪数减少了12852次。2月份开始有零星雷电活动,6—8月份是雷电高发期,其中6月份雷电活动次数最多,11月有零星雷电活动。

上海市雷电密度分布如图3.5,高密度区域为普陀和黄浦的大部地区,以及闸北、虹口和长宁区的部分地区,最高雷电密度为12.14次/(平方千米·年)。上海市雷暴日分布如图3.6,年最高雷暴日数为35天,雷暴月数为8个月。

表 3.2 上海市 2009 年逐月雷电数统计表

月份	总闪数	正闪数	负闪数
1	0	0	0
2	626	35	591
3	605	31	574
4	3	2	1
5	0		0
6	14158	271	13887
7	8307	271	8036
8	11627	125	11502
9	158	10	148
10	1	1	0
11	338	118	220
12	—	—	—
合计	35823	864	34959

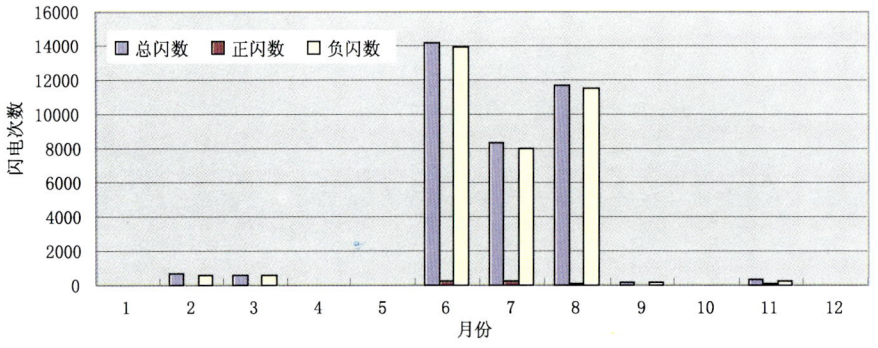

图 3.4 2009年上海市逐月雷电数统计直方图

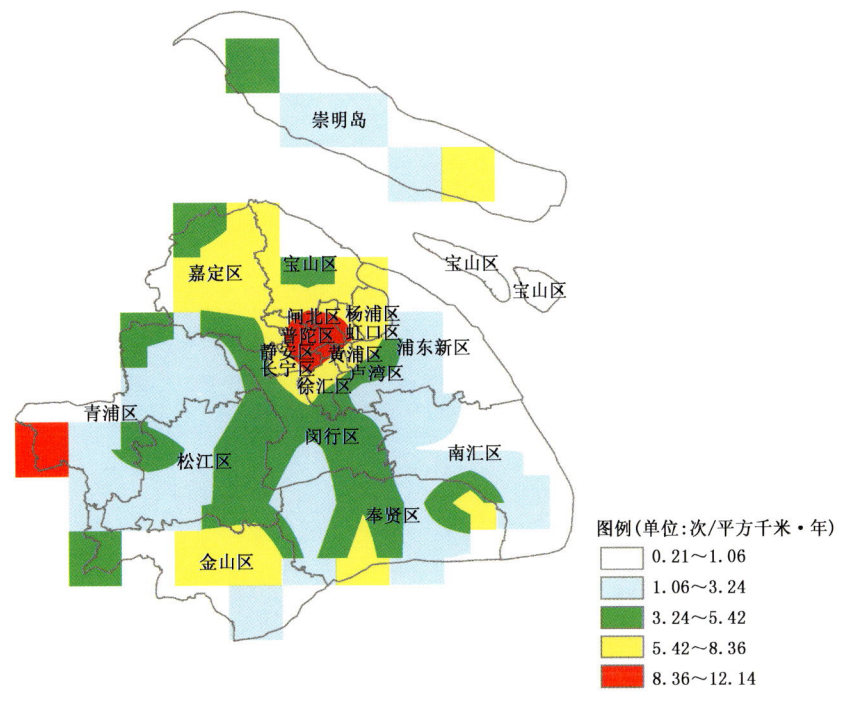

图 3.5　2009 年上海市雷电密度分布图

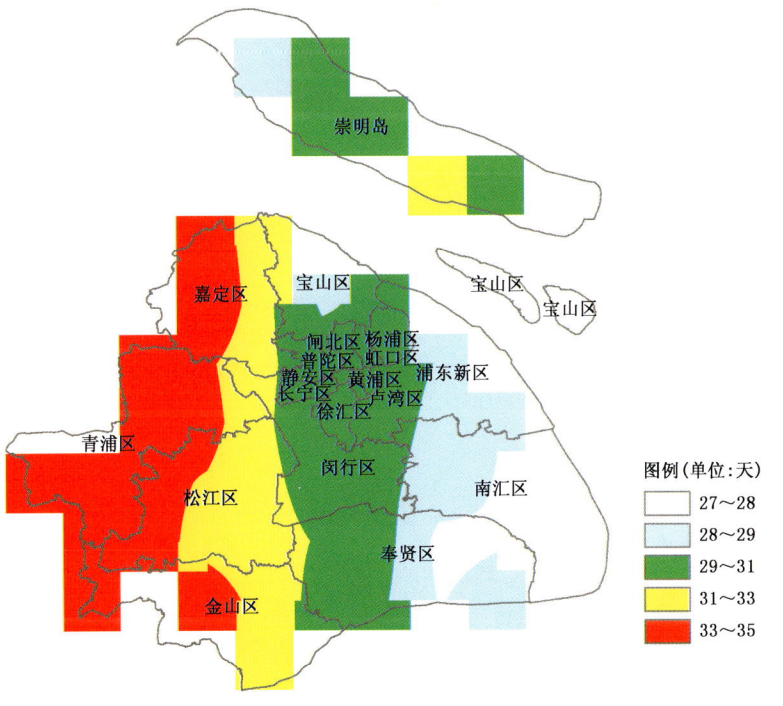

图 3.6　2009 年上海市雷暴日分布图

三、天津市

2009年天津市共发生闪电24358次,其中正闪1172次,负闪23186次,每月雷电发生次数见表3.3和图3.7。与2008年相比,总闪数增加了1639次。3月开始有零星雷电活动,6—9月是雷电高发期,其中7月份雷电活动次数最多,10月和11月有零星雷电活动。

表3.3 天津市2009年逐月雷电数统计表

月份	总闪数	正闪数	负闪数
1	0	0	0
2	0	0	0
3	14	3	11
4	61	22	39
5	4	1	3
6	9295	381	8914
7	9566	601	8965
8	3550	69	3481
9	1709	68	1641
10	54	22	32
11	105	5	100
12	—	—	—
合计	24358	1172	23186

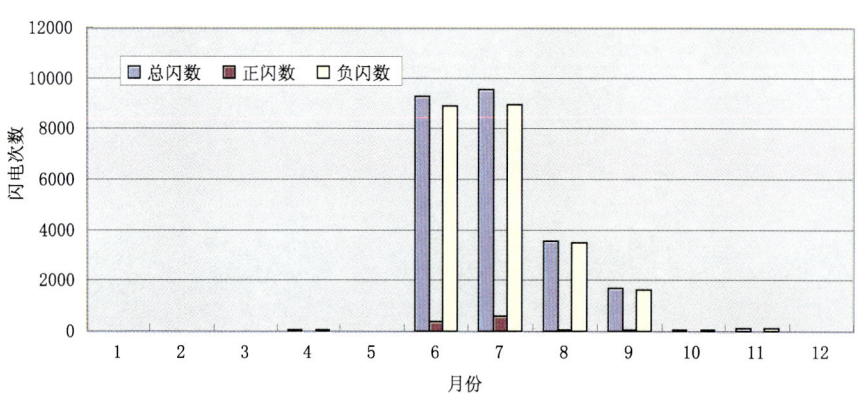

图3.7 2009年天津市逐月雷电数统计直方图

天津市雷电密度分布如图3.8,高密度区域为武清区和宁河区零散地区,最高雷电密度为5.35次/(平方千米·年)。天津市雷暴日分布如图3.9,年最高雷暴日数为31天,雷暴月数为9个月。

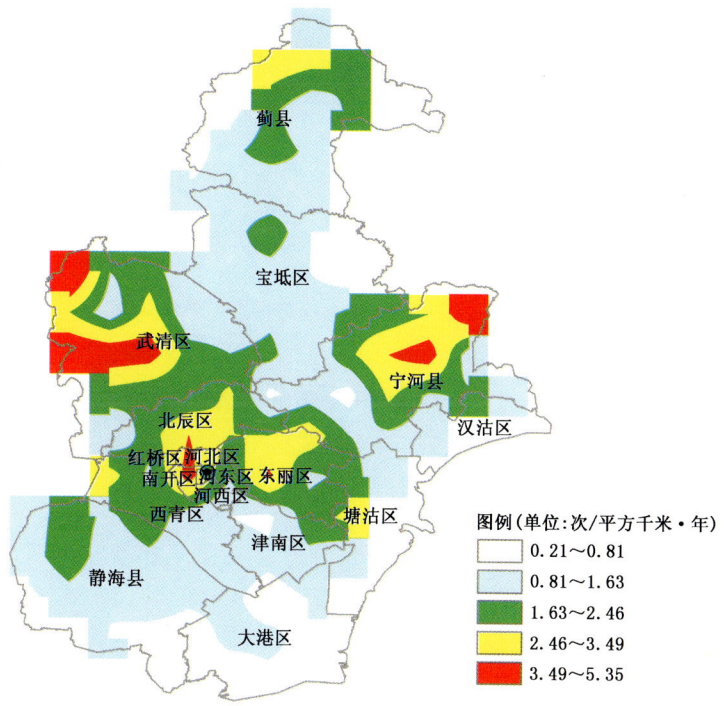

图 3.8　2009年天津市雷电密度分布图

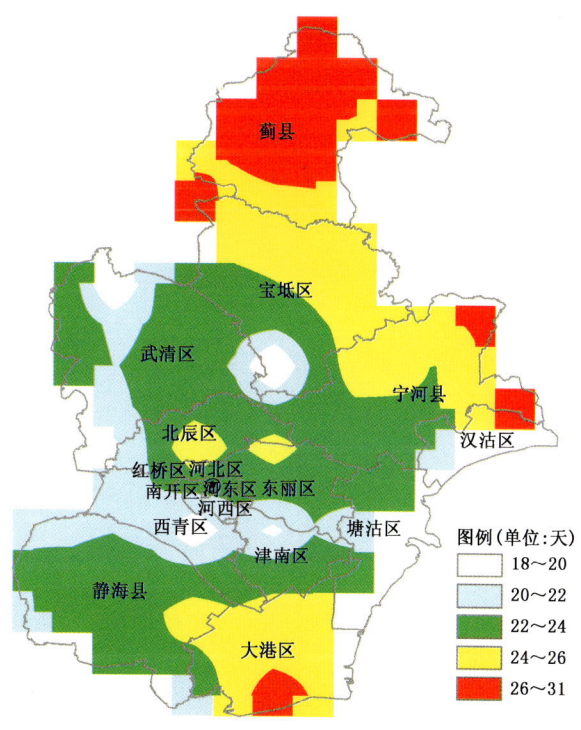

图 3.9　2009年天津市雷暴日分布图

四、重庆市

2009年重庆市共发生闪电222617次,其中正闪9350次,负闪213267次,每月雷电发生次数见表3.4和图3.10。与2008年相比,总闪数减少67365次。1月开始有零星雷电活动,2月雷电活动开始变多,6—9月是雷电高发期,其中8月雷电活动次数最多。

表3.4　重庆市2009年逐月雷电数统计表

月份	总闪数	正闪数	负闪数
1	41	15	26
2	3107	85	3022
3	4391	388	4003
4	7607	904	6703
5	4982	630	4352
6	54295	2230	52065
7	30308	1149	29159
8	97367	2780	94587
9	16481	899	15582
10	66	27	39
11	3972	243	3729
12	—	—	—
合计	222617	9350	213267

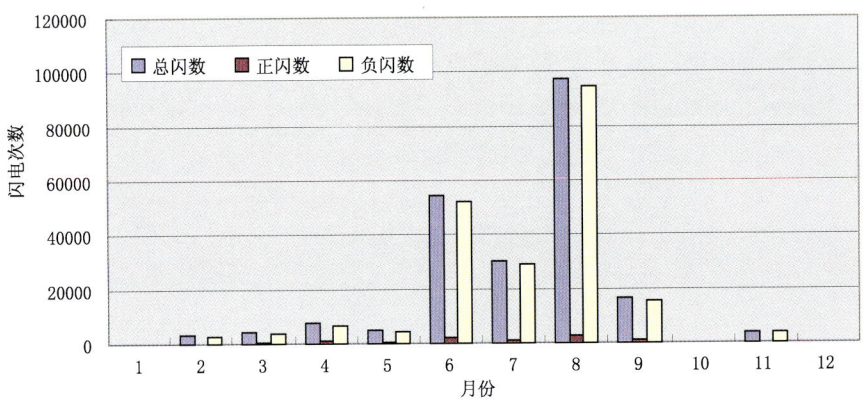

图3.10　2009年重庆市逐月雷电数统计直方图

重庆市雷电密度分布如图3.11,高密度区域为涪陵市,最高雷电密度为27.96次/(平方千米·年)。其次重庆市的西北部和万州区的中心地区也是雷电发生的高密度区域。重庆雷暴日分布如图3.12,年最高雷暴日数为54天,年雷暴日数较2008年增加3日,雷暴月数为11个月。

第三部分 2009年部分省(区、市)雷电密度、雷暴日分布图 · 31 ·

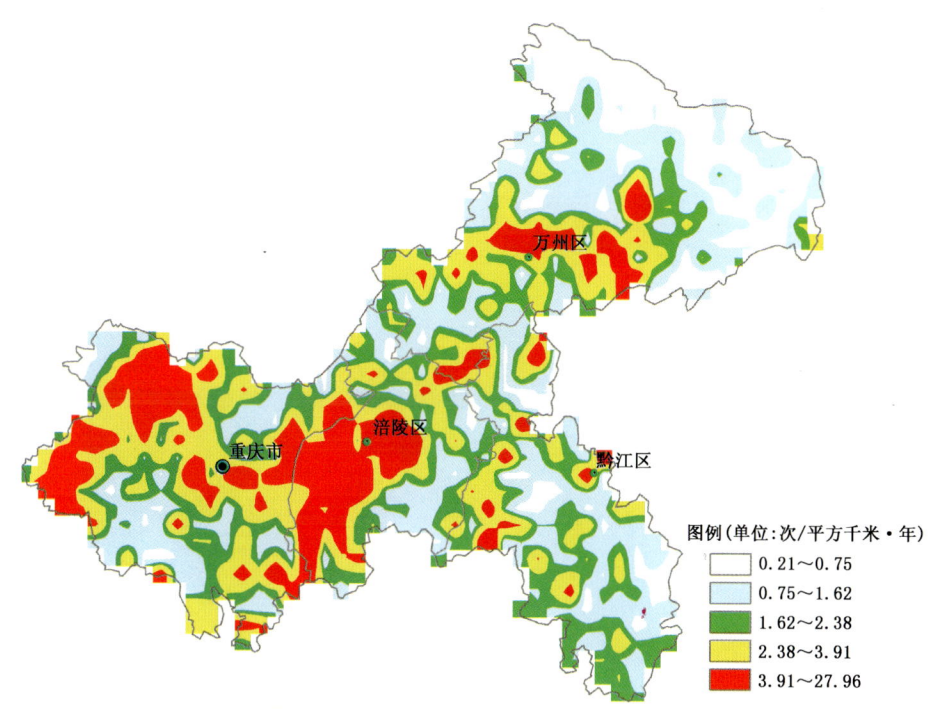

图 3.11 2009 年重庆市雷电密度分布图

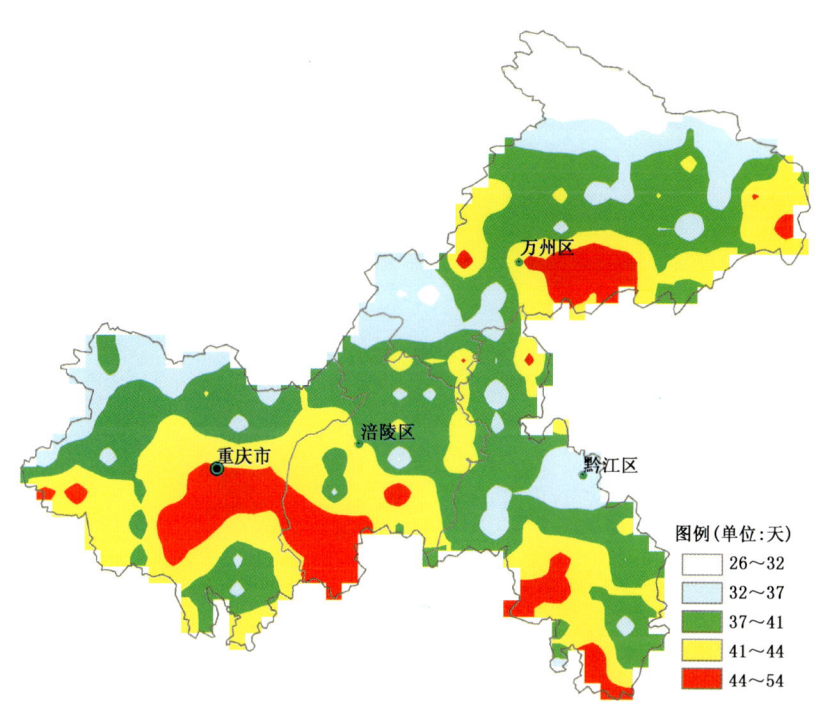

图 3.12 2009 年重庆市雷暴日分布图

五、黑龙江省

2009年黑龙江省共发生闪电358436次,其中正闪27710次,负闪330726次,每月雷电发生次数见表3.5和图3.13。与2008年相比,总闪数增加了101131次。4月份开始有零星雷电活动,5月雷电活动开始变多,6—9月是雷电高发期,其中8月是雷电活动次数最多,11月仍有少量的雷电活动。

表3.5 黑龙江省2009年逐月雷电数统计表

月份	总闪数	正闪数	负闪数
1	0	0	0
2	0	0	0
3	0	0	0
4	4	3	1
5	2436	732	1704
6	94022	10414	83608
7	96120	9109	87011
8	128760	4454	124306
9	35546	2623	32923
10	1493	331	1162
11	55	44	11
12	—	—	—
合计	358436	27710	330726

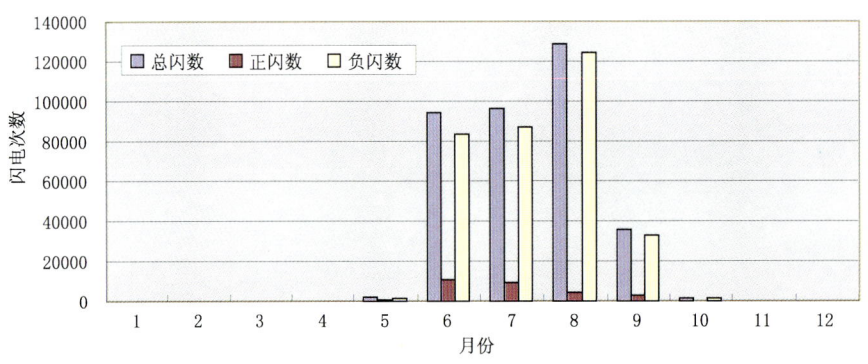

图3.13 2009年黑龙江省逐月雷电数统计直方图

黑龙江省雷电密度分布如图3.14,高密度区域为哈尔滨市,最高雷电密度为6.38次/(平方千米·年),最高雷电密度较2008年减少2.6次/(平方千米·年)。黑龙江省雷暴日分布如图3.15,年最高雷暴日数为47天,年雷暴日数较2008年增加21日,总雷暴月数为8个月。

第三部分　2009年部分省(区、市)雷电密度、雷暴日分布图

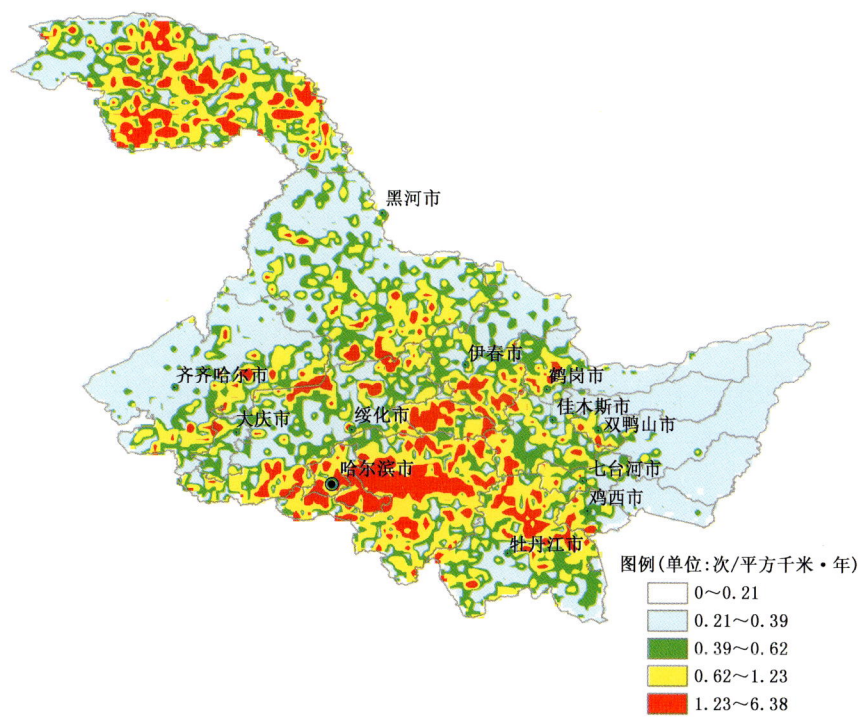

图 3.14　2009 年黑龙江省雷电密度分布图

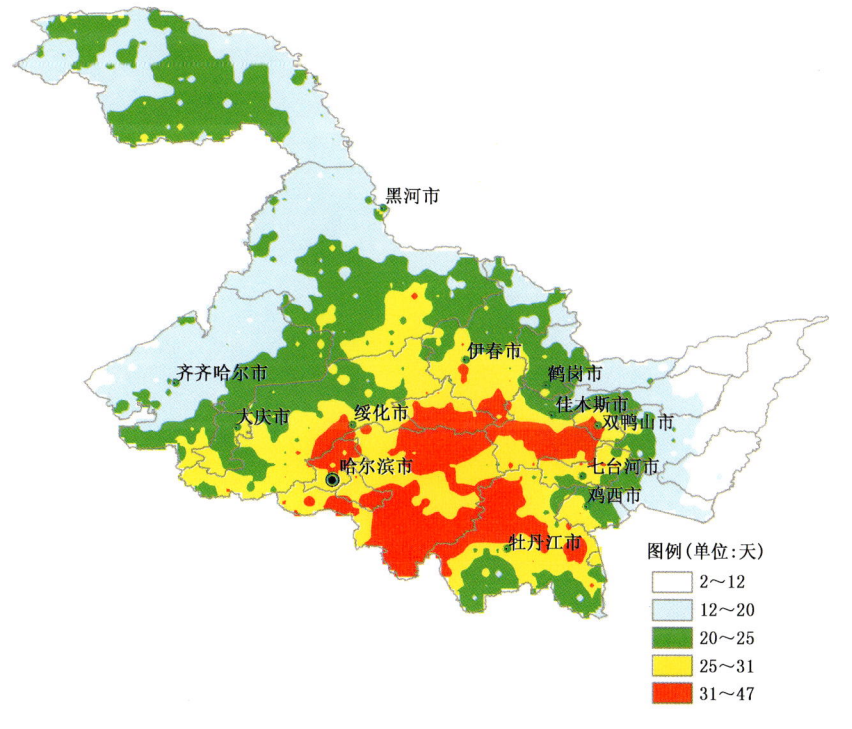

图 3.15　2009 年黑龙江省雷暴日分布图

六、河北省

2009年河北省共发生闪电168346次,其中正闪14636次,负闪153710次,每月雷电发生次数见表3.6和图3.16。与2008年相比,总闪数减少了94553次,1月开始有零星雷电活动,5月雷电活动开始变多,6—9月是雷电高发期,其中7月和8月雷电活动次数较多,到11月仍有少量的雷电活动。

表3.6 河北省2009年逐月雷电数统计表

月份	总闪数	正闪数	负闪数
1	5	3	2
2	10	5	5
3	290	44	246
4	715	425	290
5	1556	589	967
6	42877	4946	37931
7	54294	5598	48696
8	54420	1473	52947
9	12297	1201	11096
10	1356	333	1023
11	526	19	507
12	—	—	—
合计	168346	14636	153710

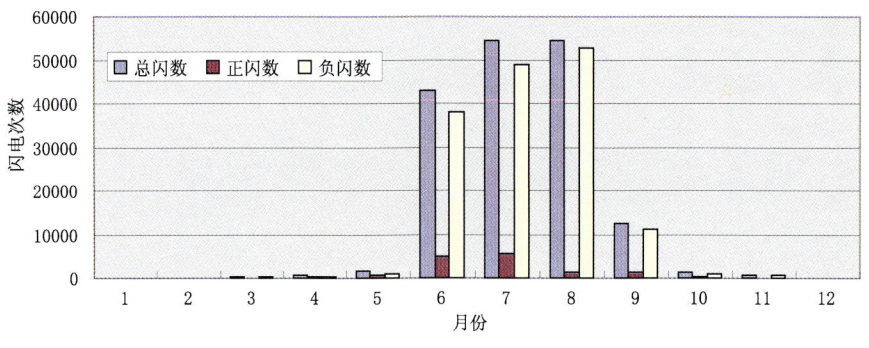

图3.16 2009年河北省逐月雷电数统计直方图

河北省雷电密度分布如图3.17,高密度区域为衡水市、石家庄市、廊坊市、唐山市和秦皇岛市部分区域,最高雷电密度为8.02次/(平方千米·年),较2008年减少1.08次/(平方千米·年)。省西北部的各市、区也有高密度的雷电零星发生。河北省雷暴日分布如图3.18,年最高雷暴日数为40天,年最高雷暴日数较2008年增加4日,雷暴月数为11个月。

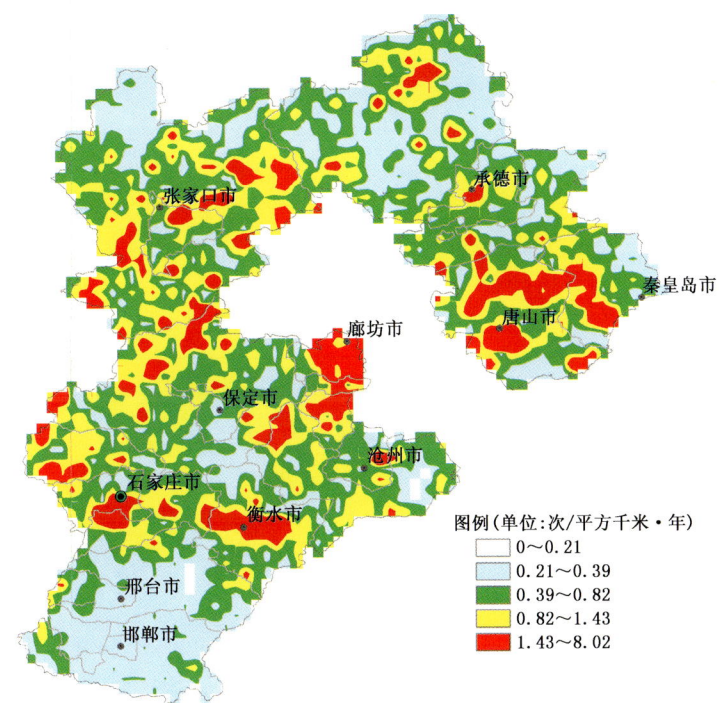

图 3.17　2009 年河北省雷电密度分布图

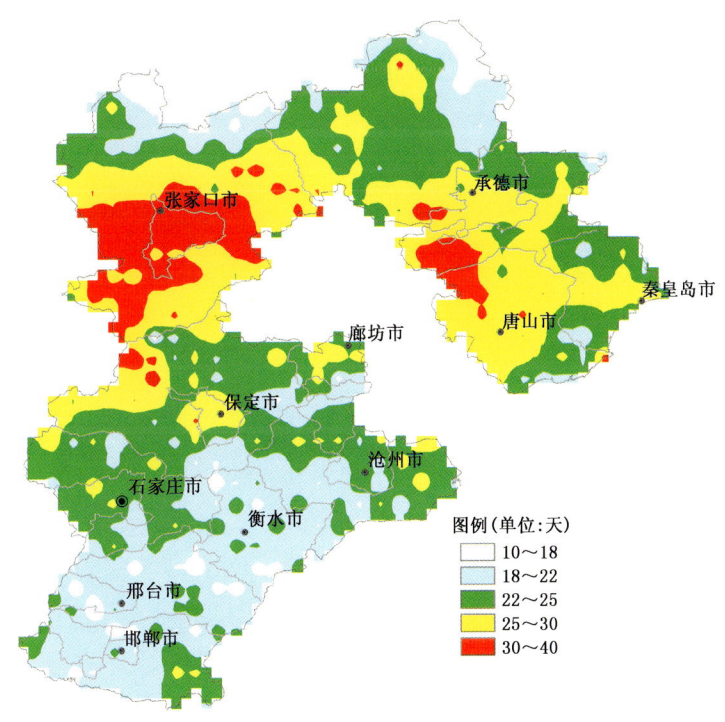

图 3.18　2009 年河北省雷暴日分布图

七、山西省

2009年山西省共发生闪电103969次,其中正闪7280次,负闪96689次,每月雷电发生次数见表3.7和图3.19。1月份开始有零星雷电活动,3月雷电活动开始变多,6—8月是雷电高发期,其中8月雷电活动最多,到11月份仍有雷电活动。与2008年相比,总闪数减少了52438次,雷电活动由3月份提前到1月份,最高雷电密度没有变化。

表3.7 山西省2009年逐月雷电数统计表

月份	总闪数	正闪数	负闪数
1	6	1	5
2	2	0	2
3	2763	65	2698
4	282	134	148
5	1998	655	1343
6	33203	3048	30155
7	20873	1633	19240
8	38027	1022	37005
9	1476	250	1226
10	3893	371	3522
11	1446	101	1345
12	—	—	—
合计	103969	7280	96689

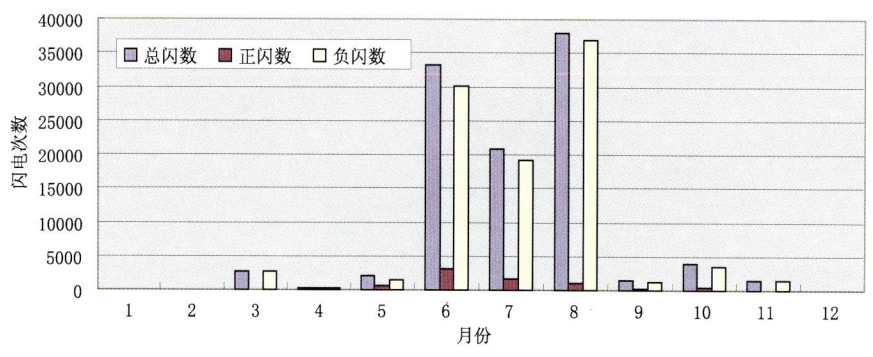

图3.19 2009年山西省逐月雷电数统计直方图

山西省雷电密度分布如图3.20,高密度区域为东北方向零散地区,最高雷电密度为4.93次/(平方千米·年)。山西省雷暴日分布如图3.21,年最高雷暴日数为40天,较2008年增加了3天,雷暴月数为11个月。

第三部分　2009年部分省(区、市)雷电密度、雷暴日分布图

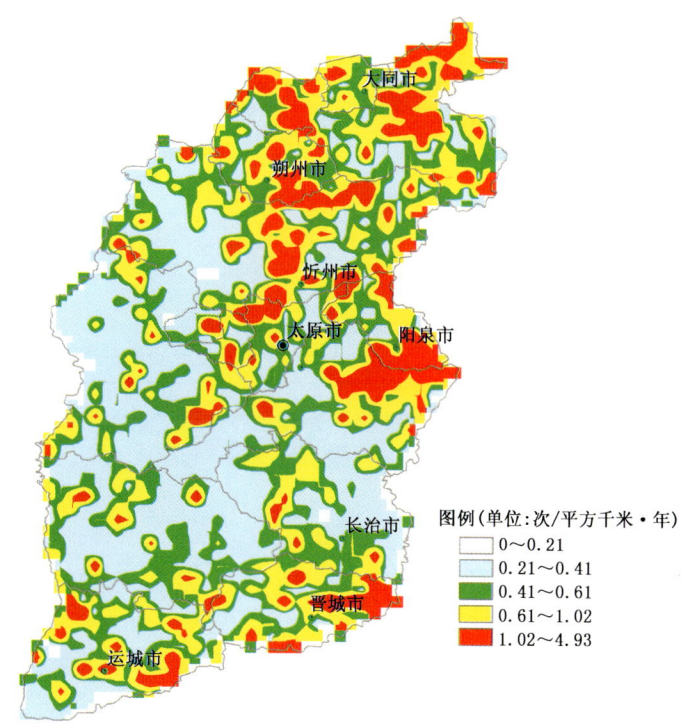

图3.20　2009年山西省雷电密度分布图

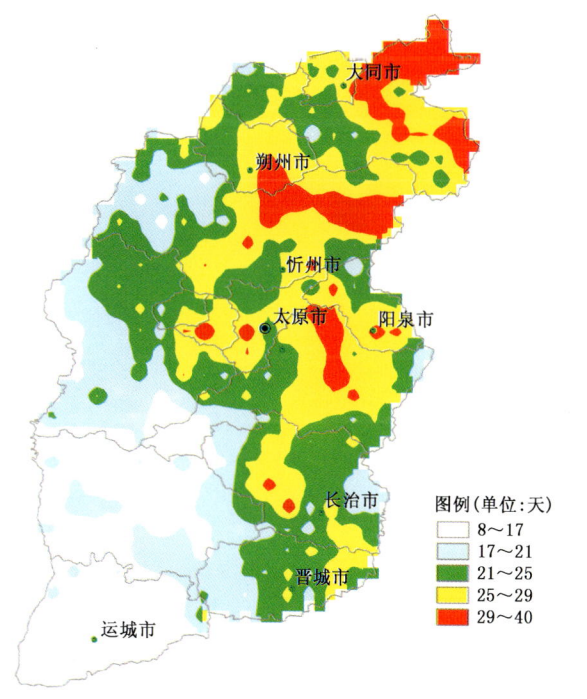

图3.21　2009年山西省雷暴日分布图

八、河南省

2009年河南省共发生闪电159316次,其中正闪10395次,负闪148921次,每月雷电发生次数见表3.8和图3.22。1月开始有零星雷电活动,3月雷电活动开始变多,3月、6—8月为雷电高发期,其中8月雷电活动次数最高,到11月仍有雷电活动。与2008年相比,总闪数减少了151107次,雷电活动由2月份提前到1月份。

表3.8 河南省2009年逐月雷电数统计表

月份	总闪数	正闪数	负闪数
1	107	19	88
2	693	126	567
3	17578	320	17258
4	92	18	74
5	528	128	400
6	37910	6115	31795
7	37037	1326	35711
8	60462	1506	58956
9	1588	118	1470
10	2067	413	1654
11	1254	306	948
12	—	—	—
合计	159316	10395	148921

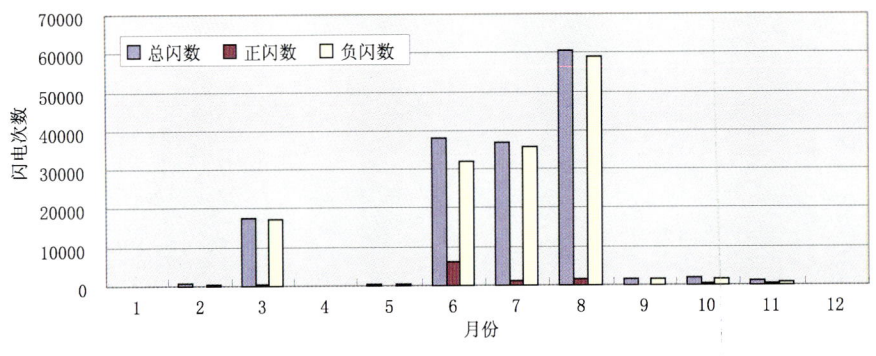

图3.22 2009年河南省逐月雷电数统计直方图

河南省雷电密度分布如图3.23,高密度区域为河南南部信阳市、驻马店市和南阳市,最高雷电密度为9.04次/(平方千米·年),较2008年减小4.1次/(平方千米·年)。河南省雷暴日分布如图3.24,年最高雷暴日数为37天,较2008年减少了3天,雷暴月数为11个月。

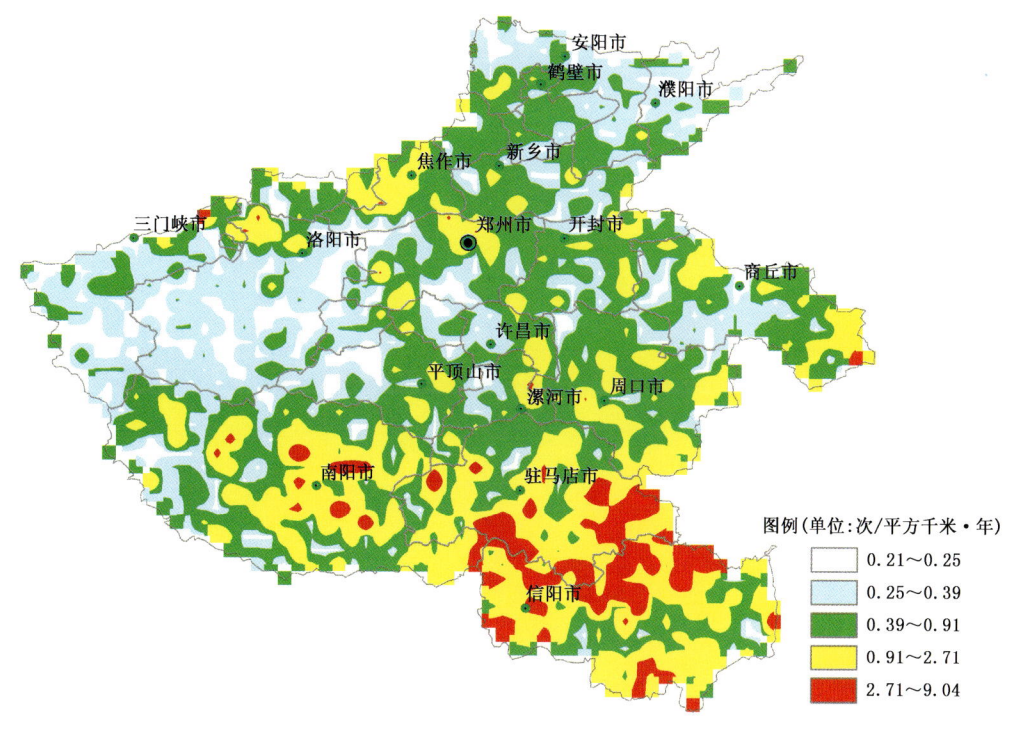

图 3.23 2009 年河南省雷电密度分布图

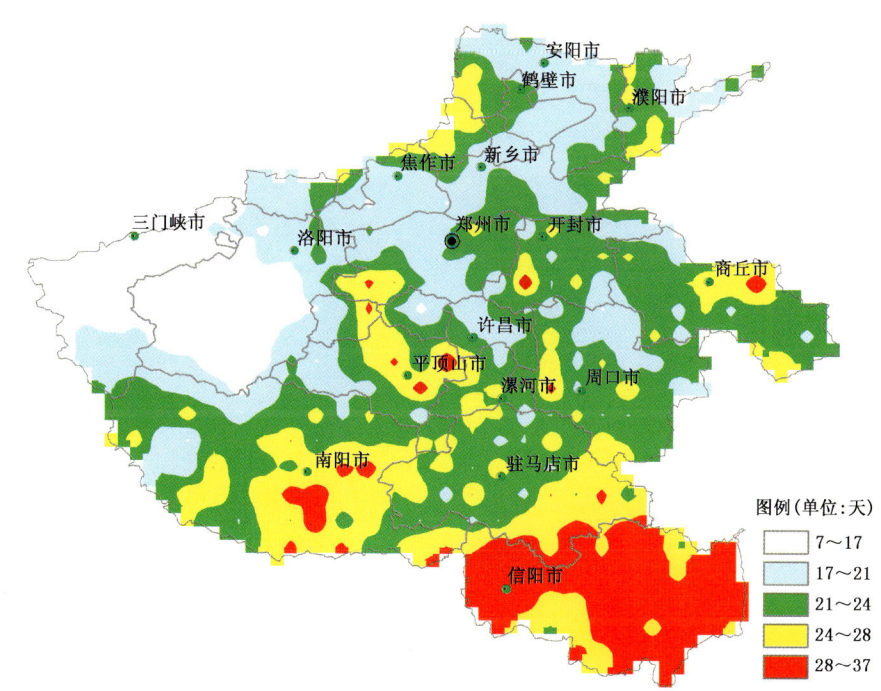

图 3.24 2009 年河南省雷暴日分布图

九、湖北省

2009年湖北省共发生闪电450992次,其中正闪19522次,负闪431470次,每月雷电发生次数见表3.9和图3.25。1月开始有零星雷电活动,2月雷电活动增多,2—11月是雷电高发期,其中8月雷电活动次数最多。与2008年相比,总闪数减少了337313次,雷电活动开始月份没有变化。

表3.9 湖北省2009年逐月雷电数统计表

月份	总闪数	正闪数	负闪数
1	41	7	34
2	16486	1523	14963
3	18776	762	18014
4	3751	681	3070
5	1260	426	834
6	106175	5779	100396
7	93142	3063	90079
8	163837	4278	159559
9	8694	1307	7387
10	644	159	485
11	38186	1537	36649
12	—	—	—
合计	450992	19522	431470

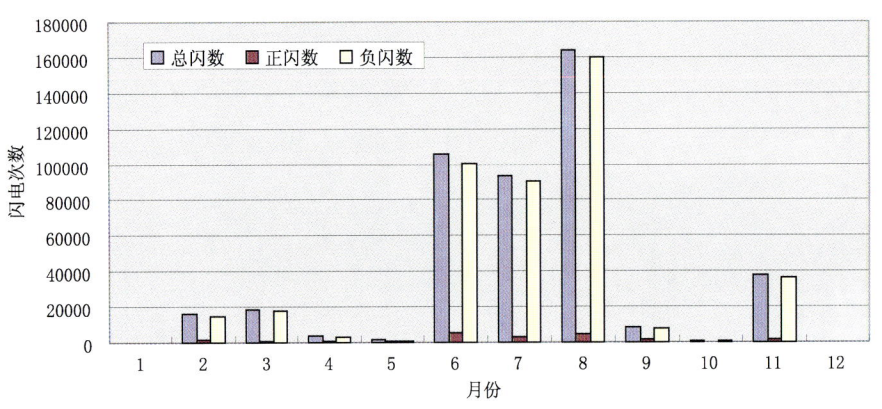

图3.25 2009年湖北省逐月雷电数统计直方图

湖北省雷电密度分布如图3.26,高密度区域主要位于湖北西南部的咸宁市,黄石市和鄂州市的部分地区,以及宜昌、荆州和荆门市的零星部分地区。最高雷电密度为19.74次/(平方千米·年),较2008年最高雷电密度增大0.8次/(平方千米·年)。湖北省雷暴日分布如图3.27,年最高雷暴日数为52天,较2008年雷暴日数减少18天,雷暴月数为11个月。

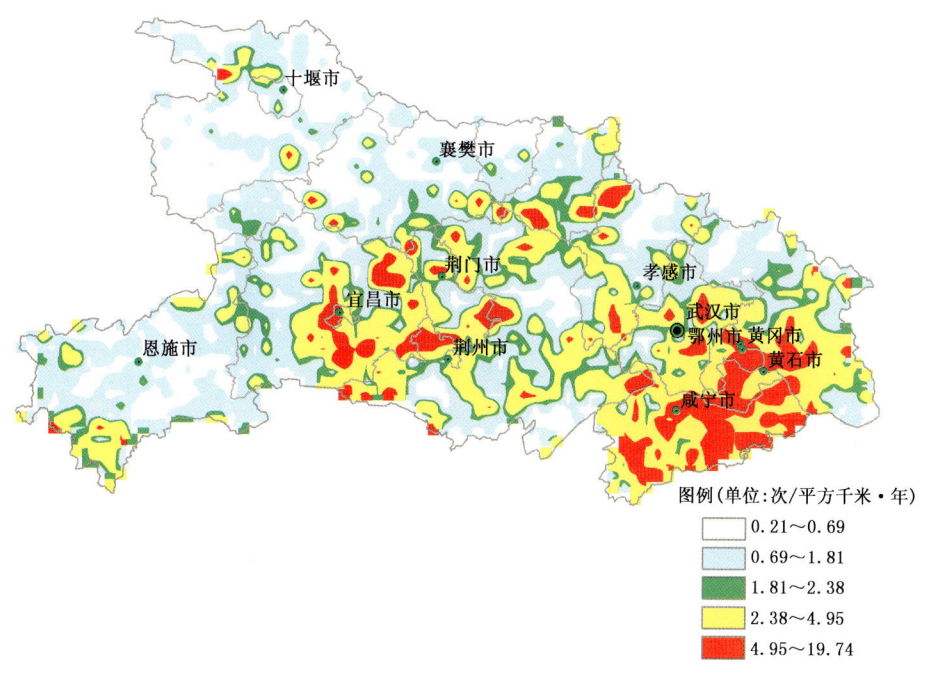

图 3.26　2009 年湖北省雷电密度分布图

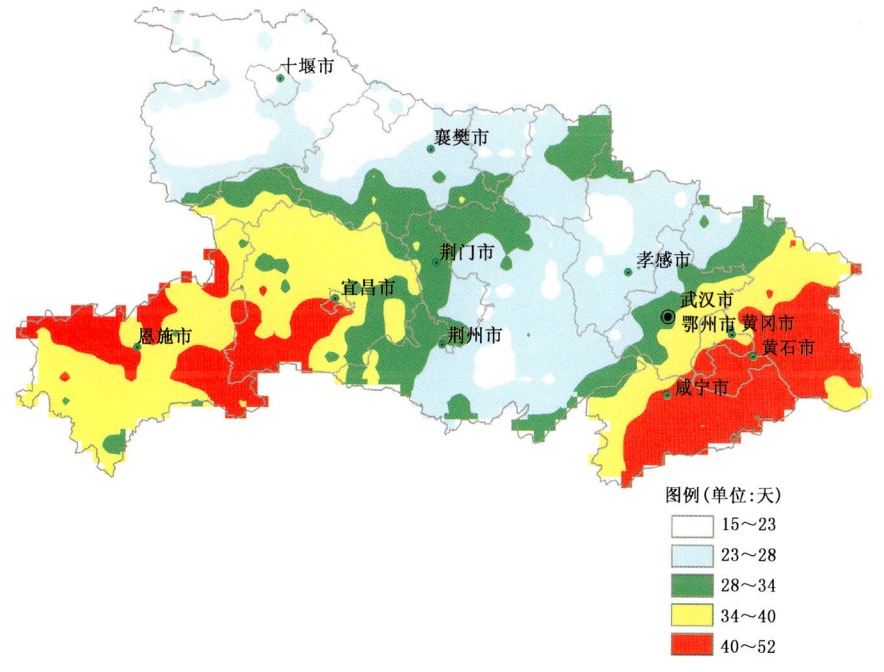

图 3.27　2009 年湖北省雷暴日分布图

十、陕西省

2009年陕西省共发生闪电62592次，其中正闪4456次，负闪58136次，每月雷电发生次数见表3.10和图3.28。1月开始有零星雷电活动，3月雷电活动增多，3—11月是雷电高发期，其中5月雷电活动较少，8月雷电活动最频繁。与2008年相比，总闪数减少了50847次，雷电活动的开始月份没有变化。

表3.10　陕西省2009年逐月雷电数统计表

月份	总闪数	正闪数	负闪数
1	12	4	8
2	12	3	9
3	1099	83	1016
4	2753	234	2519
5	853	332	521
6	11926	1386	10540
7	14460	631	13829
8	24421	1110	23311
9	2260	263	1997
10	1163	194	969
11	3633	216	3417
12	—	—	—
合计	62592	4456	58136

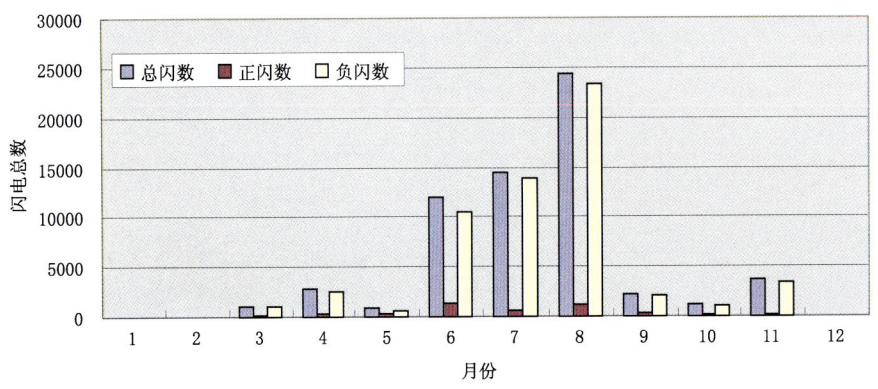

图3.28　2009年陕西省逐月雷电数统计直方图

陕西省雷电密度分布如图3.29，高密度区域为中部和西南部地区，最高雷电密度为4.73次/(平方千米·年)，较2008年最高雷电密度增大0.6次/(平方千米·年)。陕西省雷暴日分布如图3.30，年最高雷暴日数为34天，较2008年增加2天，总雷暴月数为11个月。

第三部分 2009年部分省(区、市)雷电密度、雷暴日分布图

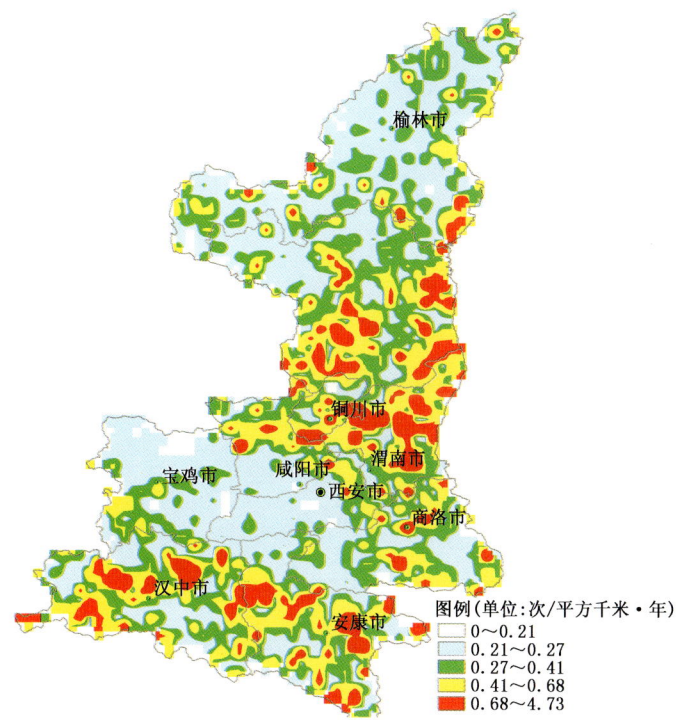

图 3.29　2009 年陕西省雷电密度分布图

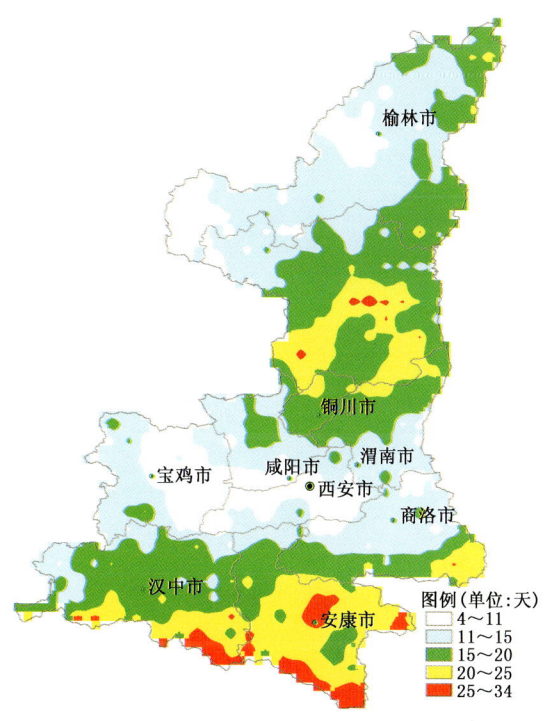

图 3.30　2009 年陕西省雷暴日分布图

十一、宁夏回族自治区

2009年宁夏回族自治区共发生闪电2624次,其中正闪281次,负闪2343次,每月雷电发生次数见表3.11和图3.31。3月开始有零星雷电活动,全年雷电活动都较弱,8月份是雷电活动高发期。与2008年相比,总闪数减少了8391次,雷电活动的开始月份没有变化。

表 3.11 宁夏回族自治区 2009 年逐月雷电数统计表

月份	总闪数	正闪数	负闪数
1	0	0	0
2	0	0	0
3	8	0	8
4	2	2	0
5	69	5	64
6	318	60	258
7	354	51	303
8	1551	117	1434
9	168	20	148
10	145	24	121
11	9	2	7
12	—	—	—
合计	2624	281	2343

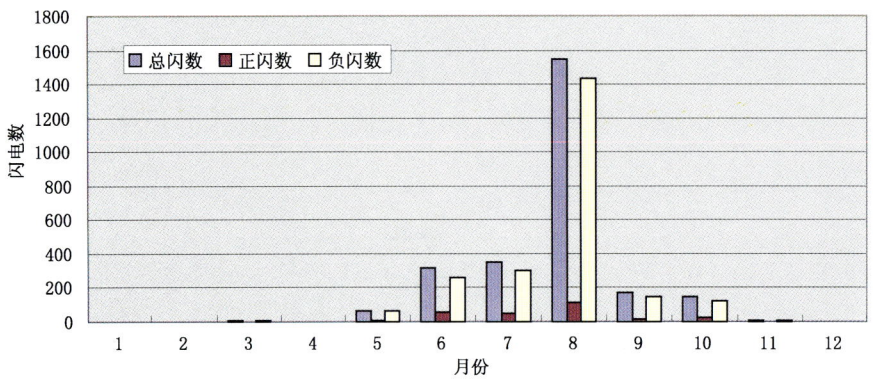

图 3.31 2009 年宁夏回族自治区逐月雷电数统计直方图

宁夏回族自治区雷电密度分布如图3.32,高密度区域主要在吴忠市及南部零星区域,最高雷电密度为1.03次/(平方千米·年),较2008年最高雷电密度减小1.7次/(平方千米·年)。宁夏回族自治区雷暴日分布如图3.33,年最高雷暴日数为15天,较2008年减少5天,雷暴月数为9个月。

第三部分 2009年部分省(区、市)雷电密度、雷暴日分布图

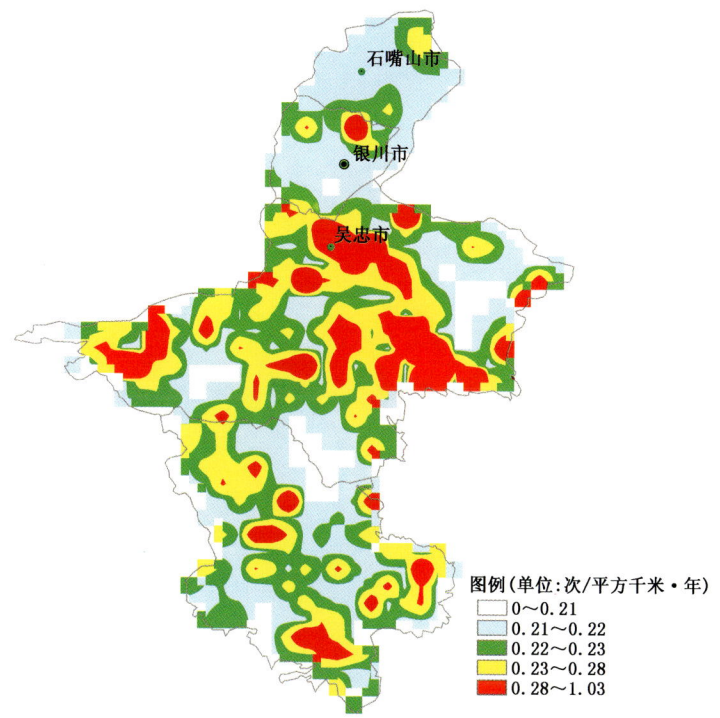

图 3.32 2009年宁夏回族自治区雷电密度分布图

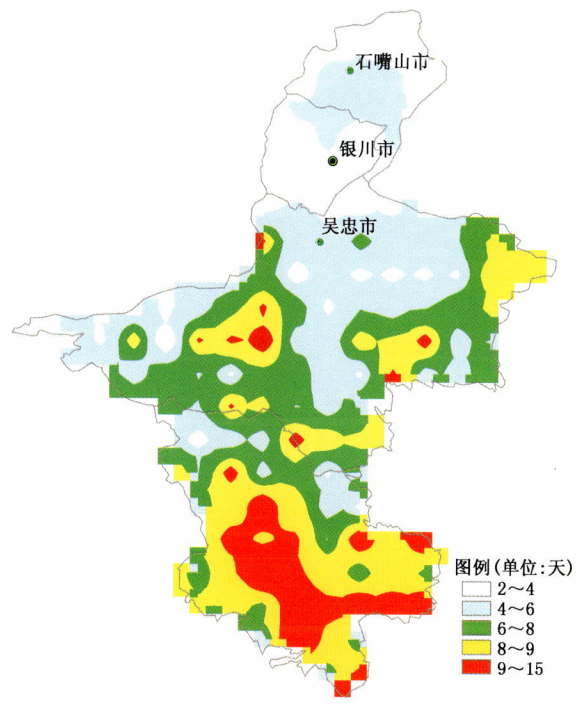

图 3.33 2009年宁夏回族自治区雷暴日分布图

十二、四川省

2009年四川省共发生闪电758049次,其中正闪41968次,负闪716081次,每月雷电发生次数见表3.12和图3.34。1月开始有零星雷电活动,3—11月是雷电高发期,其中8月份雷电次数最多。与2008年相比,总闪数减少了157437次,雷电活动开始月份没有变化。

表 3.12 四川省 2009 年逐月雷电数统计表

月份	总闪数	正闪数	负闪数
1	92	19	73
2	174	38	136
3	3449	356	3093
4	8587	1210	7377
5	11627	1833	9794
6	177799	8129	169670
7	153834	10662	143172
8	247964	10070	237894
9	146705	8710	137995
10	4679	818	3861
11	3139	123	3016
12	—	—	—
合计	758049	41968	716081

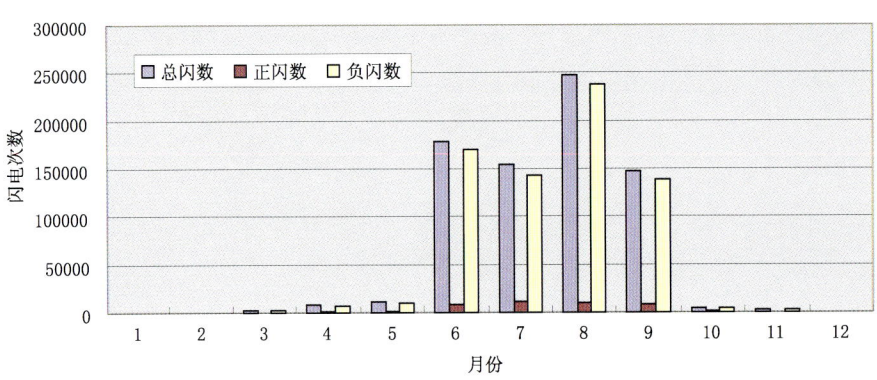

图 3.34 2009 年四川省逐月雷电数统计直方图

四川省雷电密度分布如图3.35,高密度区域为东部和南部地区,最高雷电密度为19.53次/(平方千米·年),较2008年最高雷电密度减小2.4次/(平方千米·年)。四川省雷暴日分布如图3.36,年最高雷暴日数为76天,较2008年最高雷暴日数增加12天,雷暴月数为11个月。

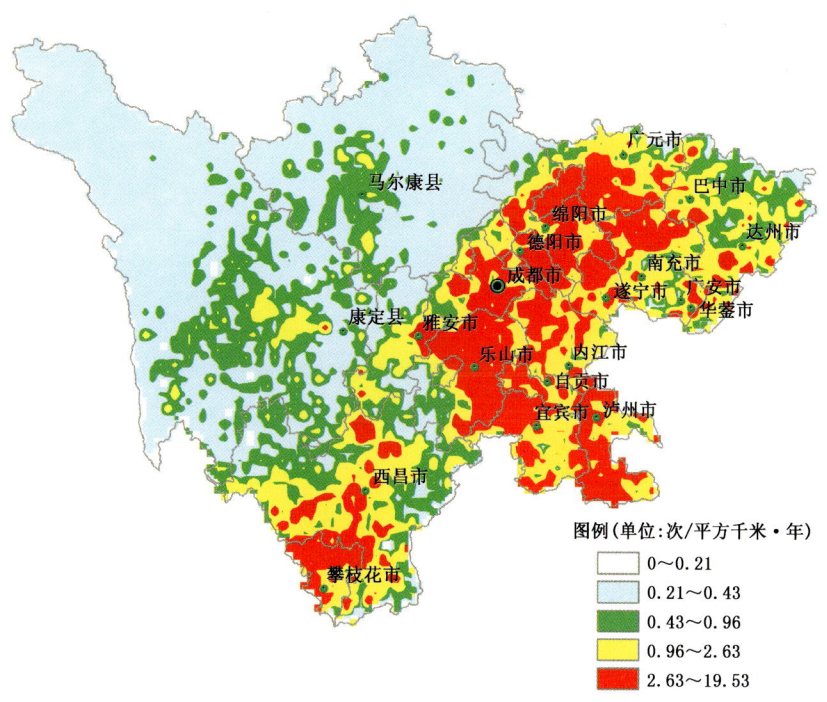

图 3.35　2009 年四川省雷电密度分布图

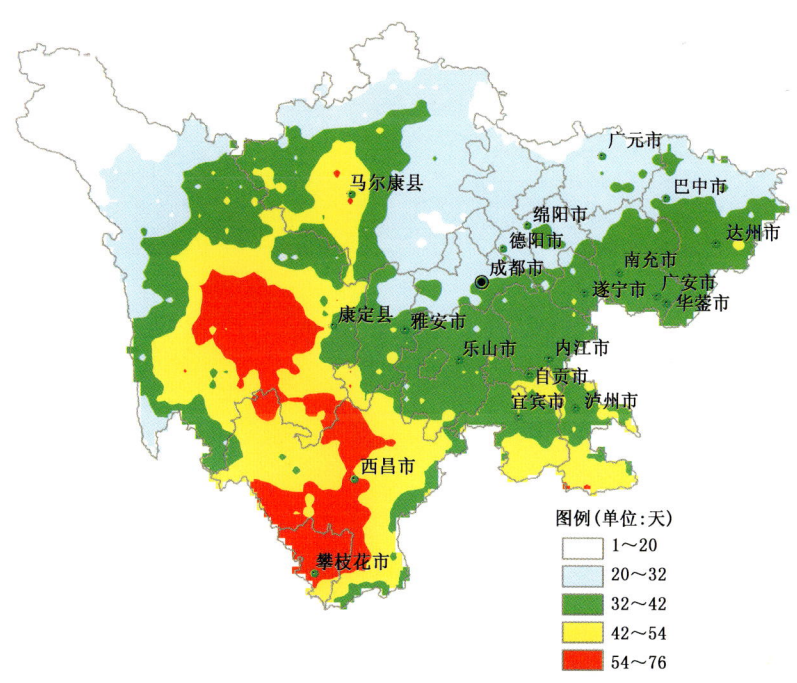

图 3.36　2009 年四川省雷暴日分布图

十三、云南省

2009年云南省共发生闪电564067次,其中正闪27058次,负闪537009次,每月雷电发生次数见表3.13和3.37。1月开始有少量雷电活动,2月雷电活动逐渐增多,3—10月是雷电高发期,其中8月份雷电活动最为频繁,11月仍有零星雷电活动。与2008年相比,总闪数减少130006次,雷电活动最多的月份由2008年7月推迟至2009年的8月。

表3.13 云南省2009年逐月雷电数统计表

月份	总闪数	正闪数	负闪数
1	359	156	203
2	888	439	449
3	10143	2588	7555
4	22156	4086	18070
5	32517	2119	30398
6	137005	5339	131666
7	100345	3828	96517
8	172992	5293	167699
9	77918	2182	75736
10	9689	1001	8688
11	55	27	28
12	—	—	—
合计	564067	27058	537009

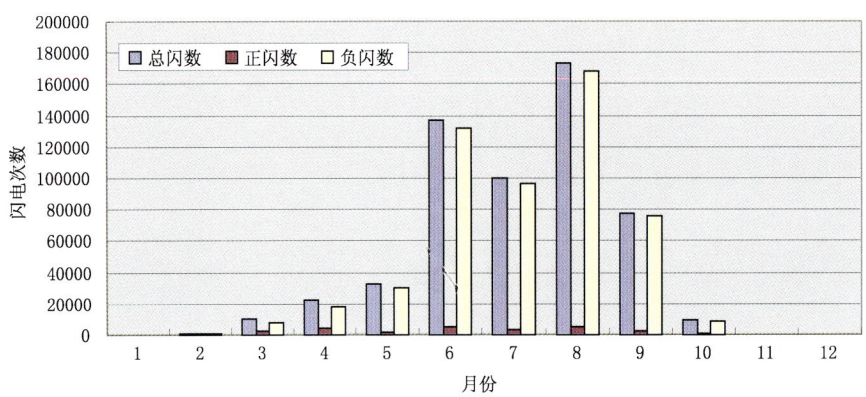

图3.37 2009年云南省逐月雷电数统计直方图

云南省雷电密度分布如图3.38所示,高密度区域为昆明市、丽江市、楚雄州、曲靖市等地,最高雷电密度为27.34次/(平方千米·年)。与2008年相比,最高雷电密度减小14.4次/(平方千米·年)。云南省雷暴日分布如图3.39所示,年最高雷暴日数为85天,较2008年最高雷暴日数增加17天,雷暴月数为11个月。

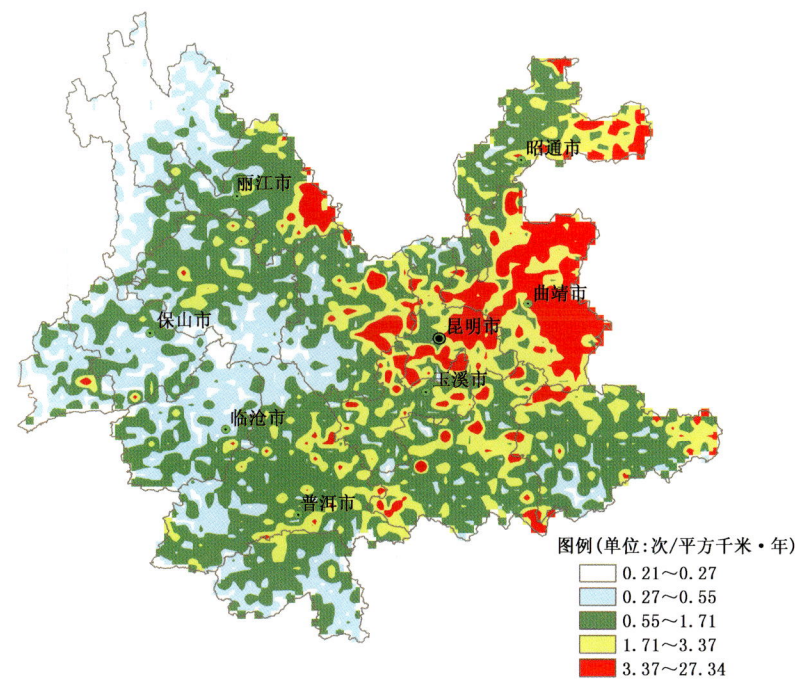

图 3.38　2009 年云南省雷电密度分布图

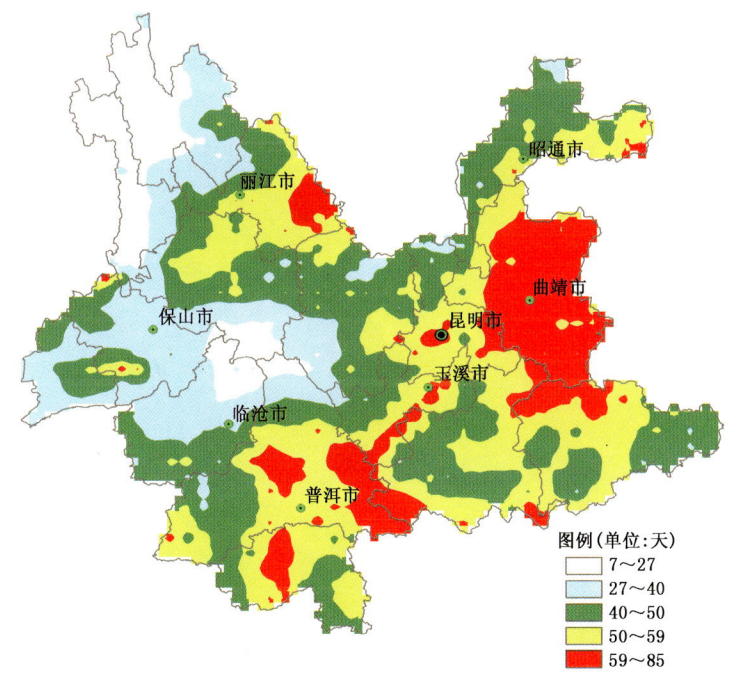

图 3.39　2009 年云南省雷暴日分布图

十四、贵州省

2009年贵州省共发生闪电592524次,其中正闪20677次,负闪571847次,每月雷电发生次数见表3.14和图3.40。1月开始有些零星雷电活动,2月雷电活动增多,3—9月是雷电高发期,6月雷电活动次数最多,11月仍有较多雷电活动。与2008年相比,总闪数减少329097次,雷电活动高发期由7月提前至6月。

表3.14 贵州省2009年逐月雷电数统计表

月份	总闪数	正闪数	负闪数
1	41	20	21
2	11660	689	10971
3	28690	2500	26190
4	40958	3440	37518
5	30659	1348	29311
6	211946	6665	205281
7	76509	1843	74666
8	140684	2946	137738
9	47511	1040	46471
10	910	96	814
11	2956	90	2866
12	—	—	—
合计	592524	20677	571847

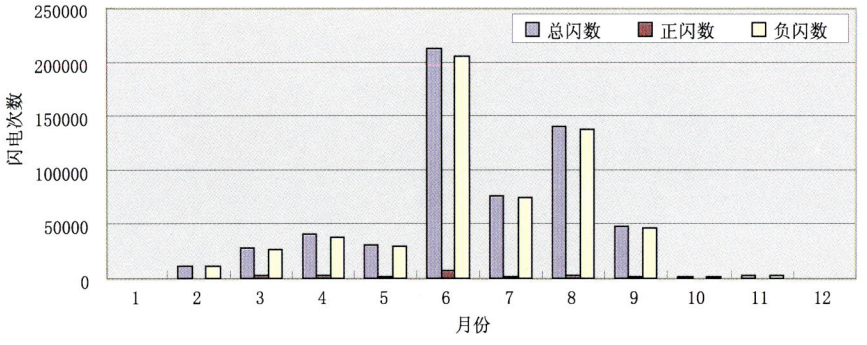

图3.40 2009年贵州省逐月雷电数统计直方图

贵州省雷电密度分布如图3.41所示,高密度区域为遵义市、毕节市、六盘水市及其与兴义市交界等地,最高雷电密度为20.8次/(平方千米·年),较2008年最高雷电密度减小12.6次/(平方千米·年)。贵州省雷暴日分布如图3.42所示,年最高雷暴日数为80天,与2008年相比,最高雷暴日数减少 11 天,雷暴月数为 11 个月。

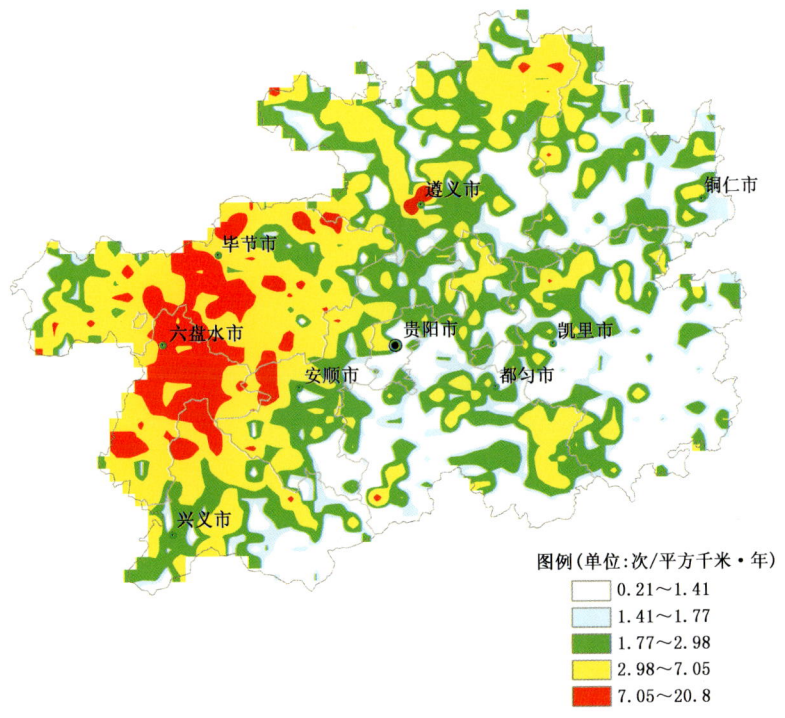

图 3.41　2009 年贵州省雷电密度分布图

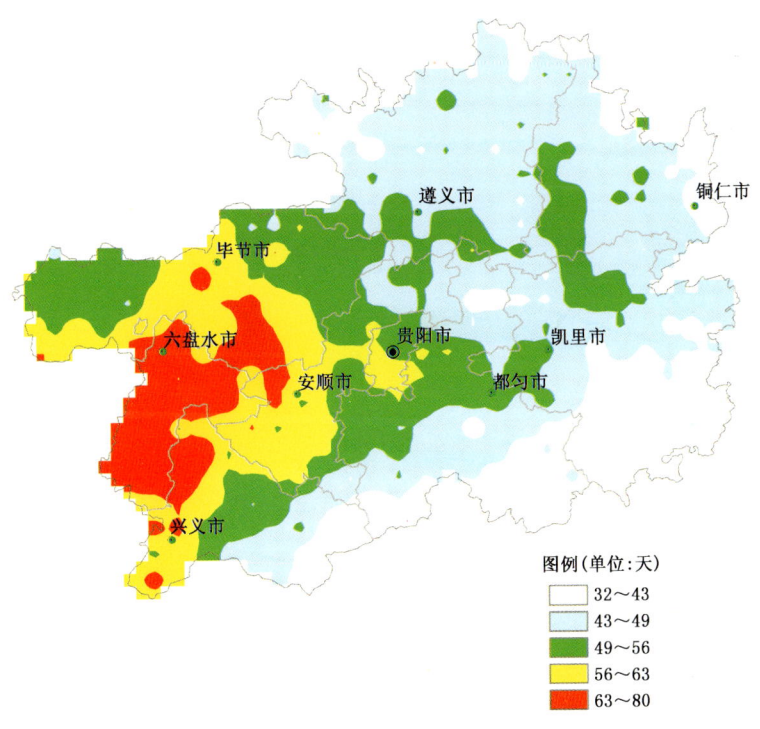

图 3.42　2009 年贵州省雷暴日分布图

十五、广西壮族自治区

2009年广西壮族自治区共发生闪电294067次,其中正闪10409次,负闪283658次,每月雷电发生次数见表3.15和图3.43。1月开始零星雷电活动,2月雷电活动仍较少,3—9月是雷电高发期,10—11月有少量雷电活动,其中,8月份雷电活动次数最多。与2008年相比,总闪数减少252520次,雷电活动高发期由7月推迟至8月。

表3.15 广西壮族自治区2009年逐月雷电数统计表

月份	总闪数	正闪数	负闪数
1	2	2	0
2	76	12	64
3	4689	1241	3448
4	4128	430	3698
5	4225	637	3588
6	64595	1732	62863
7	52686	2542	50144
8	91717	2553	89164
9	71740	1150	70590
10	137	90	47
11	72	20	52
12	—	—	—
合计	294067	10409	283658

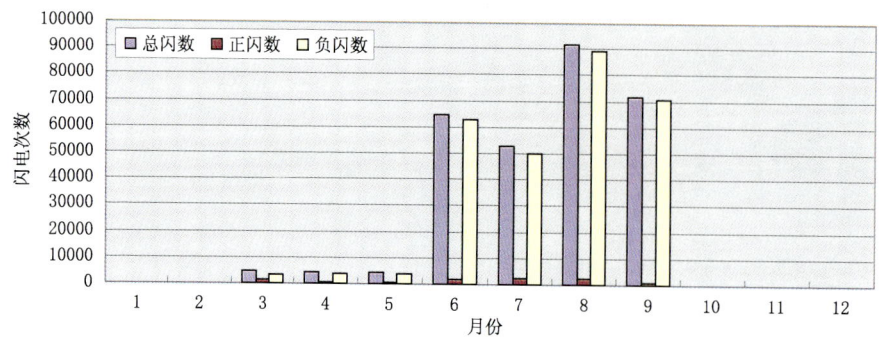

图3.43 2009年广西壮族自治区逐月雷电数统计直方图

广西壮族自治区雷电密度分布如图3.44所示,高密度区域分布在百色市、河池市、桂林市、梧州市、钦州市和贵港市以东等地区。最高雷电密度为10.91次/(平方千米·年),较2008年最高雷电密度减少1.09次/(平方千米·年)。广西壮族自治区雷暴日分布如图3.45

所示,年最高雷暴日数为75天,与2008年相比,年最高雷暴日数减少了16天,雷暴月数为11个月。

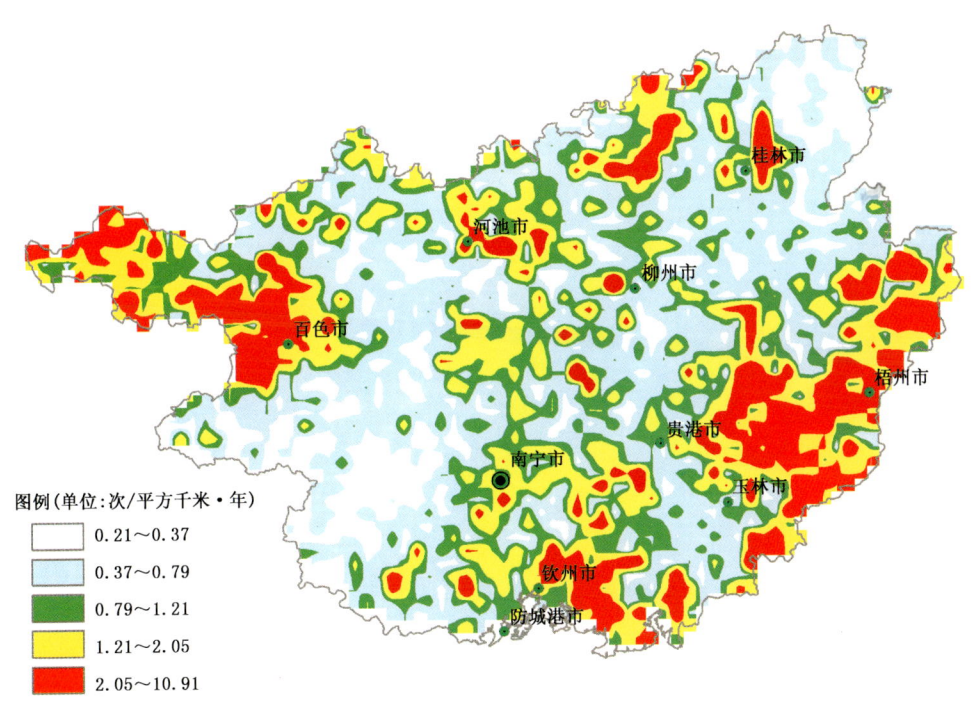

图3.44　2009年广西壮族自治区雷电密度分布图

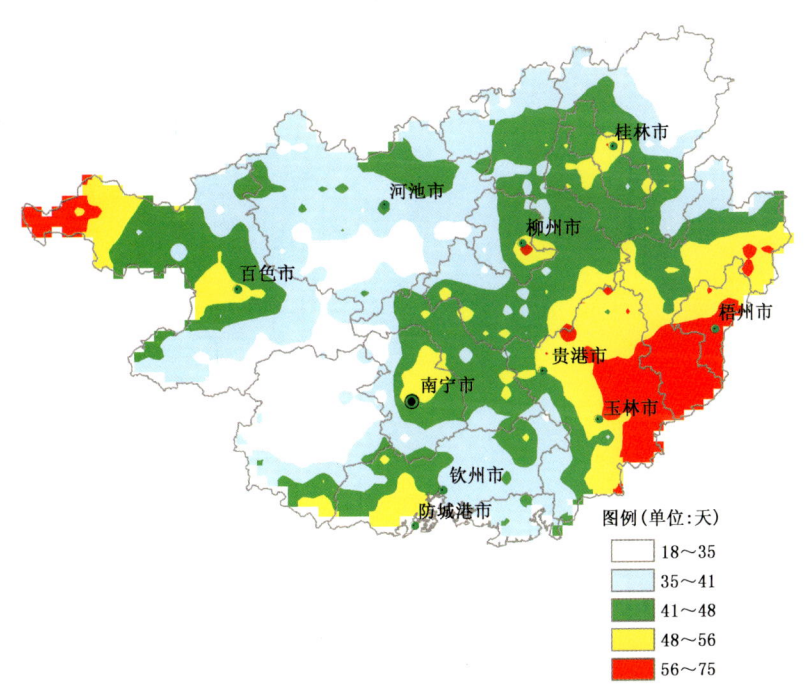

图3.45　2009年广西壮族自治区雷暴日分布图

十六、珠江三角洲地区

2009年珠江三角洲地区共发生闪电675607次,其中正闪27554次,负闪648053次,每月雷电发生次数见表3.16和图3.46。2月出现零星的雷电活动,3—9月是雷电高发期,10—11月有少量雷电活动,其中,8月份雷电活动最为强烈,雷电次数最多。与2008年相比,总闪数增加57077次,雷电活动高发期由7月推迟至8月。

表3.16 珠江三角洲地区2009年逐月雷电数统计表

月份	总闪数	正闪数	负闪数
1	0	0	0
2	19	5	14
3	18680	2845	15835
4	5408	1081	4327
5	41961	2128	39833
6	183904	6643	177261
7	96630	3578	93052
8	245503	9190	236313
9	82390	1906	80484
10	427	116	311
11	685	62	623
12	—	—	—
合计	675607	27554	648053

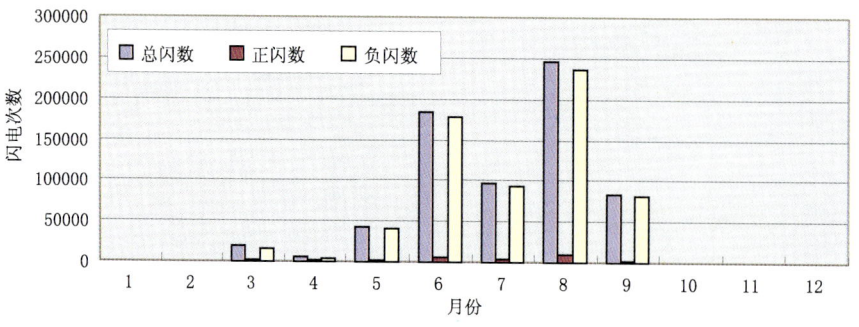

图3.46 2009年珠江三角洲地区逐月雷电数统计直方图

珠江三角洲地区雷电密度分布如图3.47所示,高密度区域为广州市、佛山市、东莞市、江门市、珠海市、惠州市、深圳市等地,最高雷电密度为44.2次/(平方千米·年),与2008年相比,最高雷电密度增加7.2次/(平方千米·年)。珠江三角洲地区雷暴日分布如图3.48所示,年最高雷暴日数为97天,较2008年最高雷暴日数增加12天,雷暴月数为11个月。

第三部分 2009年部分省(区、市)雷电密度、雷暴日分布图 · 55 ·

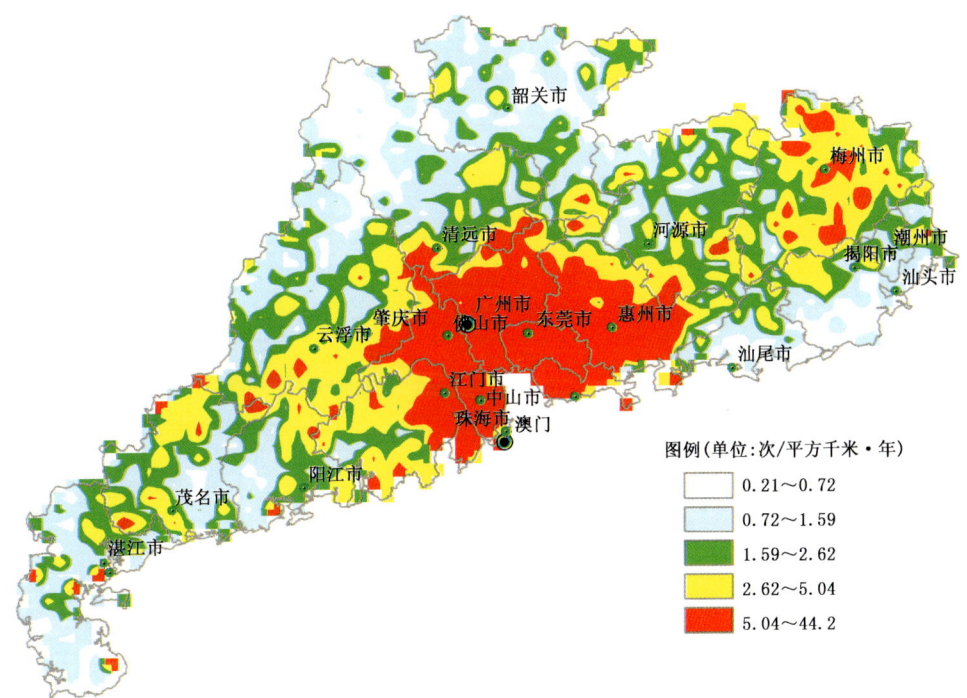

图 3.47 2009 年珠江三角洲地区雷电密度分布图

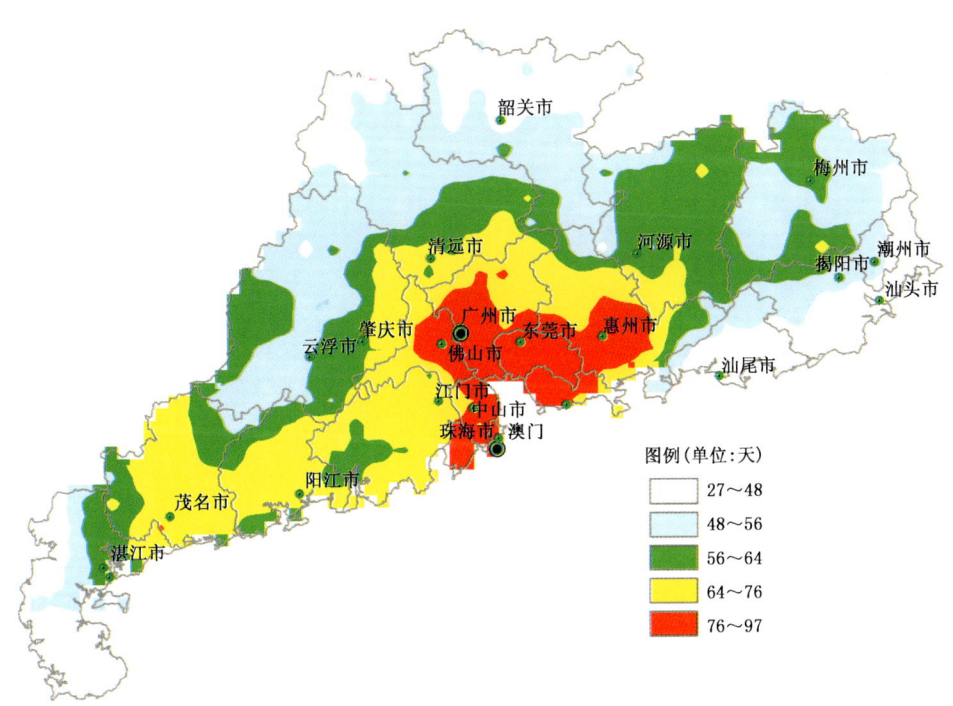

图 3.48 2009 年珠江三角洲地区雷暴日分布图

十七、湖南省

2009年湖南省共发生闪电312807次,其中正闪13816次,负闪298991次,每月雷电发生次数见表3.17和图3.49。2月开始至3月有较多雷电活动,4—5月雷电较少,6—9月是雷电高发期,10月雷电明显减少,11月又出现较多雷电,其中,8月雷电活动次数最多。与2008年相比,总闪数减少151631次。

表3.17 湖南省2009年逐月雷电数统计表

月份	总闪数	正闪数	负闪数
1	0	0	0
2	18744	1147	17597
3	21587	2043	19544
4	7850	2060	5790
5	1677	315	1362
6	75746	2552	73194
7	44906	1131	43775
8	116826	1894	114932
9	12451	1089	11362
10	77	48	29
11	12943	1537	11406
12	—	—	—
合计	312807	13816	298991

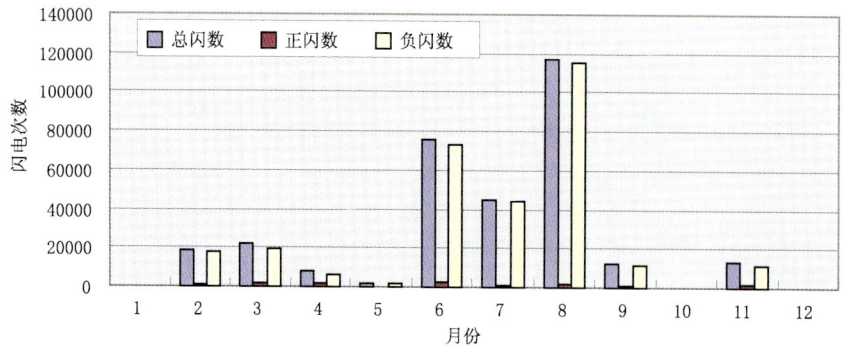

图3.49 2009年湖南省逐月雷电数统计直方图

湖南省雷电密度分布如图3.50所示,高密度区域为常德市、益阳市等地,最高雷电密度为11.5次/(平方千米·年),较2008年最高雷电密度减少48.8次/(平方千米·年)。湖南省雷暴日分布如图3.51所示,年最高雷暴日数为58天,与2008年最高雷暴日数相同,雷暴月数为11个月。

第三部分 2009年部分省(区、市)雷电密度、雷暴日分布图

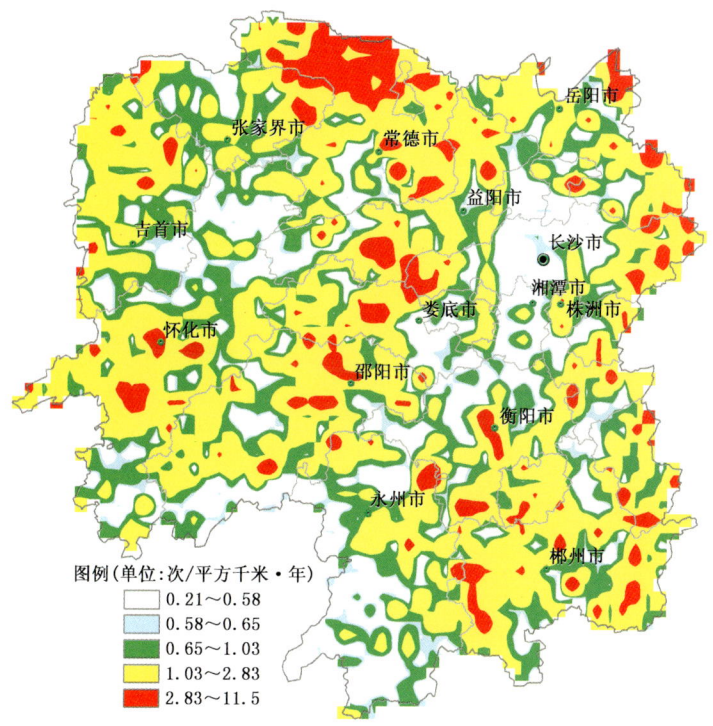

图 3.50　2009年湖南省雷电密度分布图

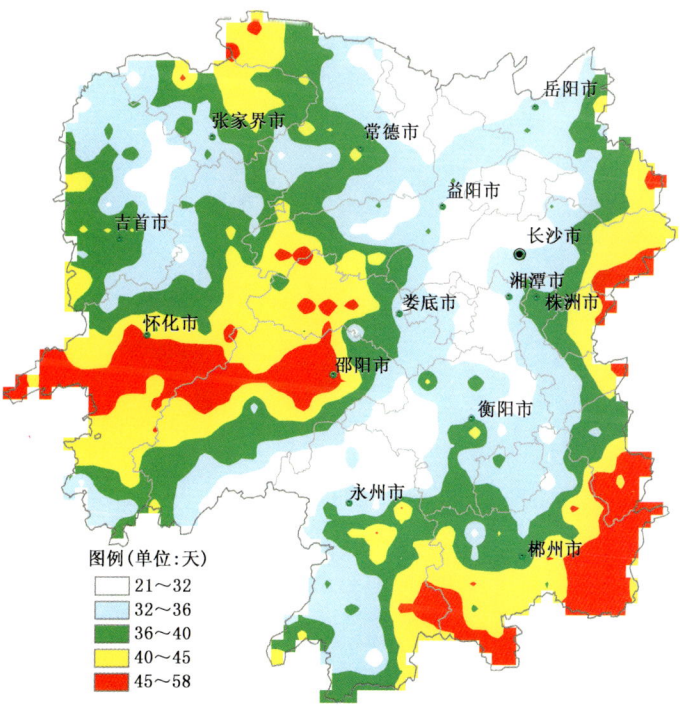

图 3.51　2009年湖南省雷暴日分布图

十八、江西省

2009年江西省共发生闪电564783次,其中正闪17511次,负闪547272次,每月雷电发生次数见表3.18和图3.52。2月开始至3月出现较多雷电活动,4—5月雷电数量减少,6—9月是雷电高发期,10月雷电活动明显减少,11月则又出现较多雷电,其中,8月份雷电活动最为频繁。与2008年相比,总闪数减少了50602次。

表3.18 江西省2009年逐月雷电数统计表

月份	总闪数	正闪数	负闪数
1	0	0	0
2	12210	770	11440
3	13611	2347	11264
4	6627	1161	5466
5	5359	406	4953
6	119324	2928	116396
7	107168	3028	104140
8	209327	4501	204826
9	68490	1341	67149
10	31	26	5
11	22636	1003	21633
12	—	—	—
合计	564783	17511	547272

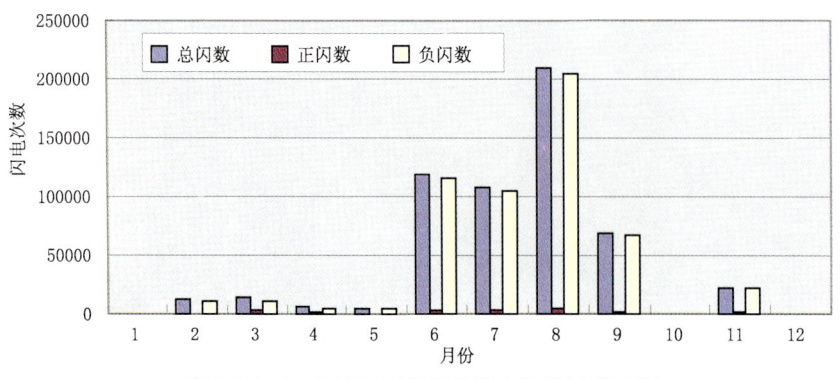

图3.52 2009年江西省逐月雷电数统计直方图

江西省雷电密度分布如图3.53所示,高密度区域为上饶、抚州、吉安、赣州、九江等地,最高雷电密度为23.1次/(平方千米·年),较2008年最高雷电密度增加12.8次/(平方千米·年)。江西省雷暴日分布如图3.54所示,年最高雷暴日数为71天,与2008年相比增加了19天,雷暴月数为11个月。

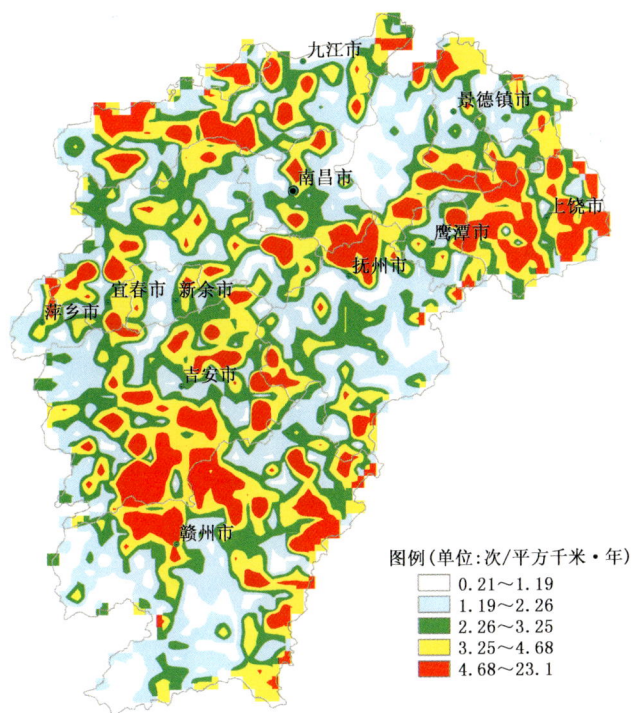

图 3.53 2009 年江西省雷电密度分布图

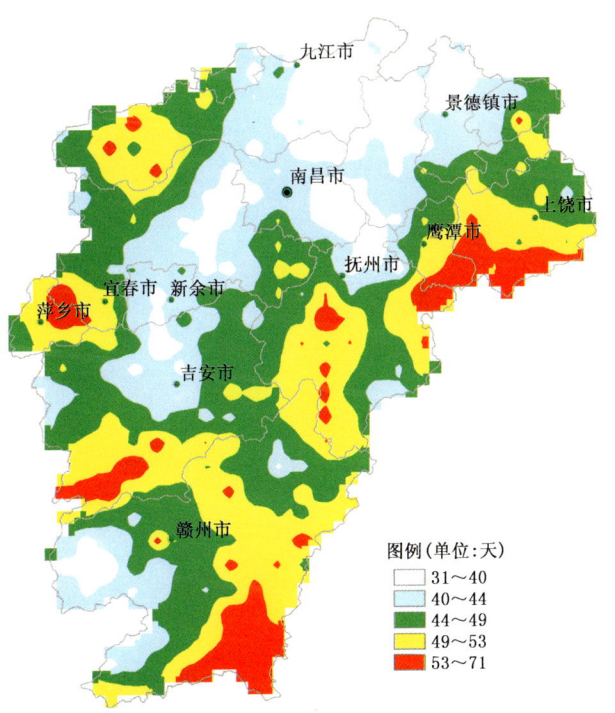

图 3.54 2009 年江西省雷暴日分布图

十九、江苏省

2009年江苏省共发生闪电306428次,其中正闪16963次,负闪289465次,每月雷电发生次数见表3.19和图3.55。1月出现零星雷电活动,2—3月雷电活动逐渐增多,4—5月雷电骤然减少,6—8月是雷电高发期,9—11月雷电明显减少,其中,8月份雷电活动次数最多。与2008年相比,总闪数减少121027次。

表3.19 江苏省2009年逐月雷电数统计表

月份	总闪数	正闪数	负闪数
1	2	0	2
2	2942	206	2736
3	20162	849	19313
4	16	3	13
5	90	47	43
6	87433	7617	79816
7	90952	4403	86549
8	101275	2931	98344
9	1037	165	872
10	860	130	730
11	1659	612	1047
12	—	—	—
合计	306428	16963	289465

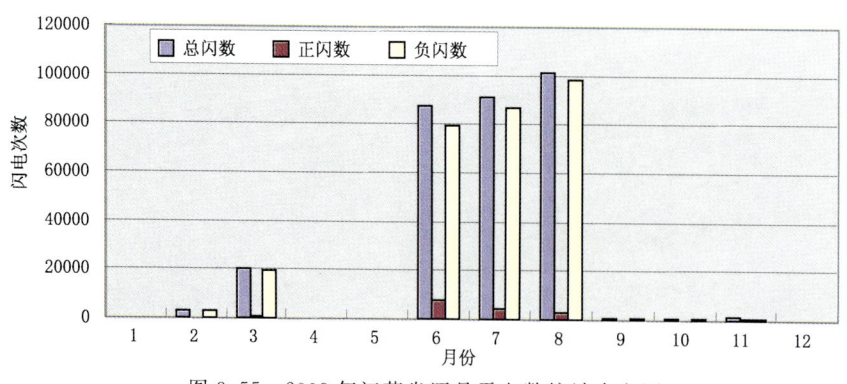

图3.55 2009年江苏省逐月雷电数统计直方图

江苏省雷电密度分布如图3.56所示,高密度区域为南京、常州、淮安与扬州的交界处以及南通和无锡的部分地区,最高雷电密度为19.2次/(平方千米·年),较2008年减少了6.6次/(平方千米·年)。江苏省雷暴日分布如图3.57所示,年最高雷暴日数为46天,与2008年相比,年最高雷暴日数增加4天,雷暴月数为11个月。

第三部分　2009年部分省(区、市)雷电密度、雷暴日分布图

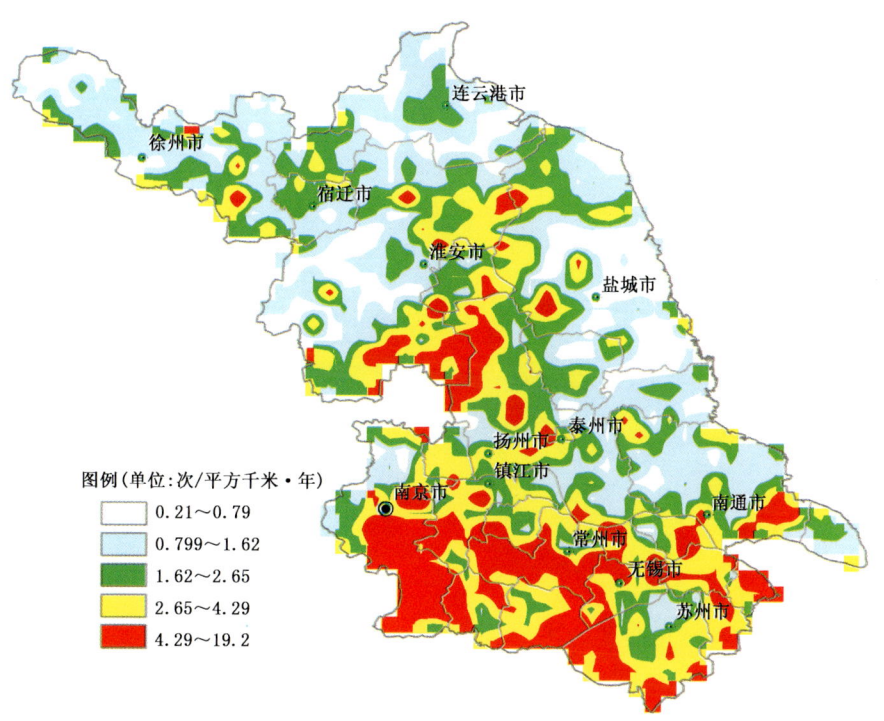

图 3.56　2009 年江苏省雷电密度分布图

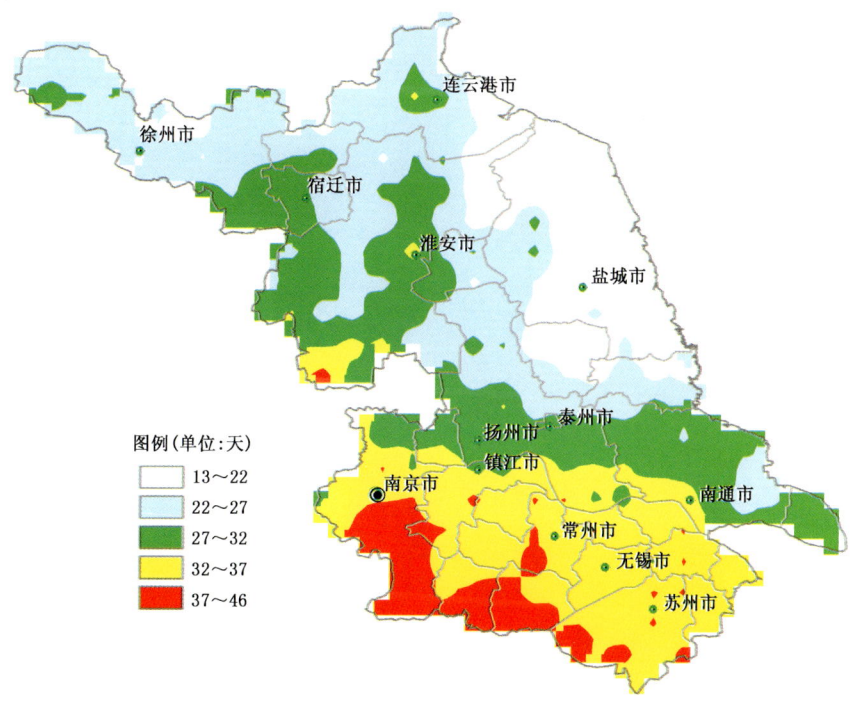

图 3.57　2009 年江苏省雷暴日分布图

二十、浙江省

2009年浙江省共发生闪电410888次,其中正闪14159次,负闪396729次,每月雷电发生次数见表3.20和图3.58。1月开始有零星雷电活动,2—3月雷电活动逐渐增多,4—5月雷电较少,6—8月是雷电高发期,9—11月雷电明显减少,其中,8月份雷电活动次数最多。与2008年相比,总闪数减少172579次。

表3.20 浙江省2009年逐月雷电数统计表

月份	总闪数	正闪数	负闪数
1	0	0	0
2	6767	760	6007
3	1703	494	1209
4	514	310	204
5	292	48	244
6	91863	2654	89209
7	98882	3503	95379
8	165979	4345	161634
9	27021	836	26185
10	32	19	13
11	17835	1190	16645
12	—	—	—
合计	410888	14159	396729

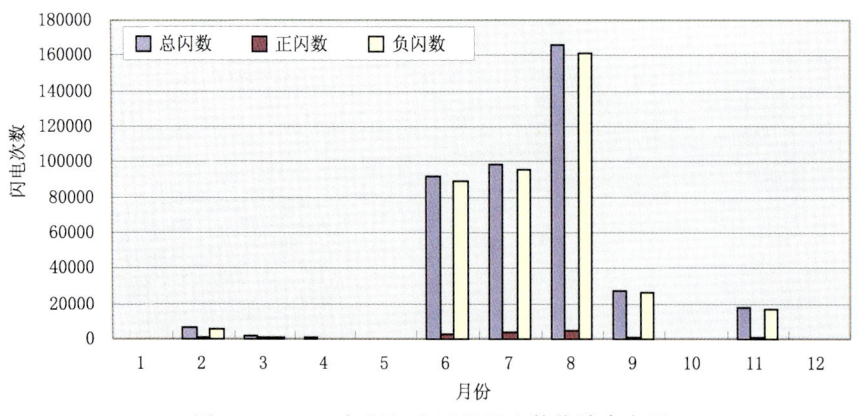

图3.58 2009年浙江省逐月雷电数统计直方图

浙江省雷电密度分布如图3.59所示,高密度区域为湖州、嘉兴、宁波、温州等地,最高雷电密度为15.1次/(平方千米·年),较2008年减少了7.2次/(平方千米·年)。浙江省雷暴日分布如图 3.60 所示,年最高雷暴日数为 73 天,与 2008 年相比,年最高雷暴日数减少 1 天,雷暴月数为 11 个月。

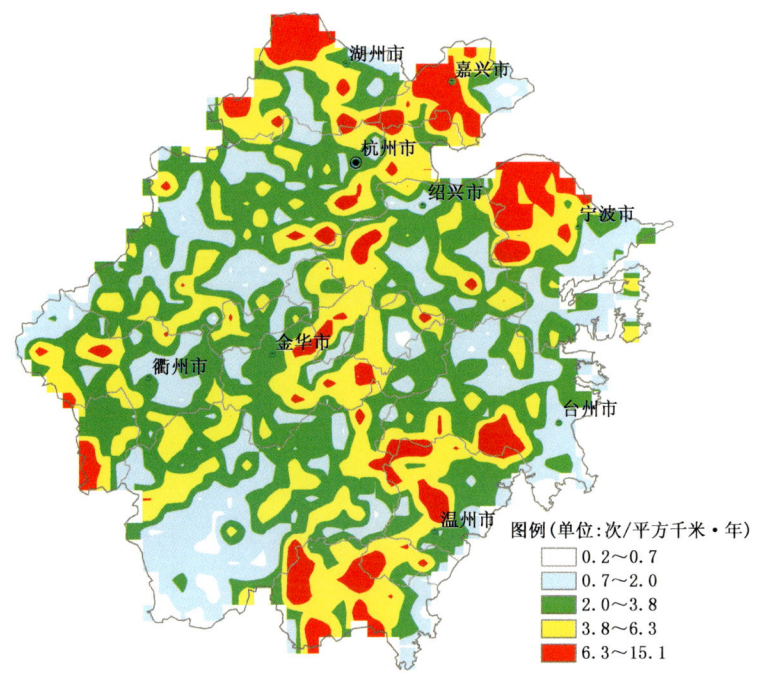

图 3.59　2009 年浙江省雷电密度分布图

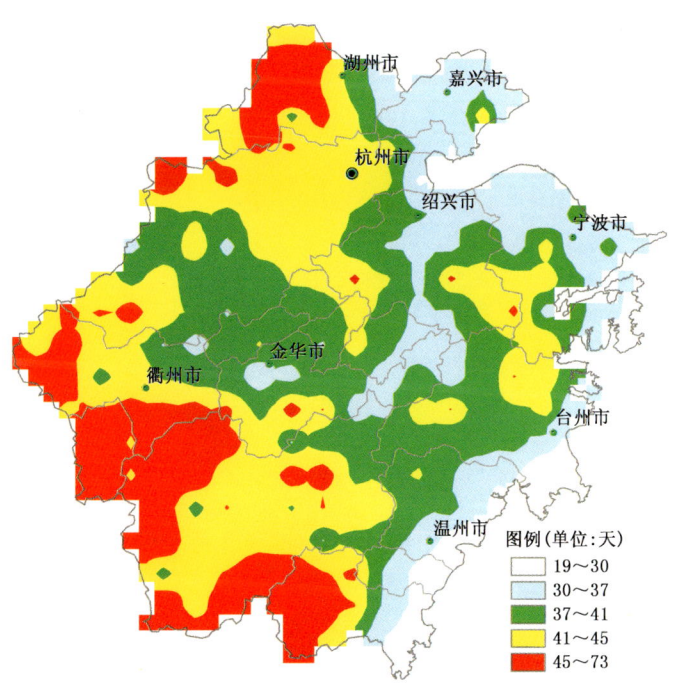

图 3.60　2009 年浙江省雷暴日分布图

二十一、福建省

2009年福建省共发生闪电300376次,其中正闪10436次,负闪289940次,每月雷电发生次数见表3.21和图3.61。2月开始有少量雷电活动,3—5月雷电活动逐渐增多,6—9月是雷电高发期,10月雷电明显减少,11月仍有少量雷电,其中,8月雷电活动次数最多。与2008年相比,总闪数减少137433次。

表3.21 福建省2009年逐月雷电数统计表

月份	总闪数	正闪数	负闪数
1	0	0	0
2	862	50	812
3	2611	1292	1319
4	2940	831	2109
5	9005	297	8708
6	41245	1390	39855
7	56246	1739	54507
8	133014	2974	130040
9	50426	1470	48956
10	58	34	24
11	3969	359	3610
12	—	—	—
合计	300376	10436	289940

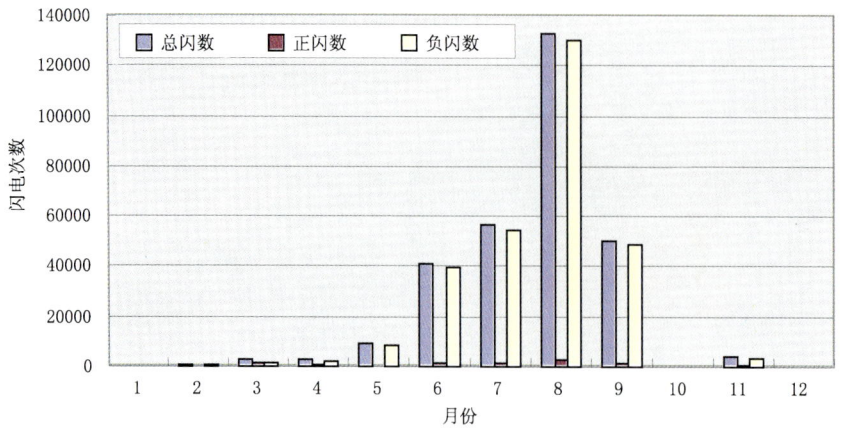

图3.61 2009年福建省逐月雷电数统计直方图

福建省雷电密度分布如图3.62所示,高密度区域主要位于莆田以西、泉州以北等地区,最高雷电密度为16.9次/(平方千米·年),较2008年最高雷电密度减少5.5次/(平方千米·

年)。福建省雷暴日分布如图3.63所示,年最高雷暴日数为62天,与2008年相比,最高雷暴日数增加10天,雷暴月数为11个月。

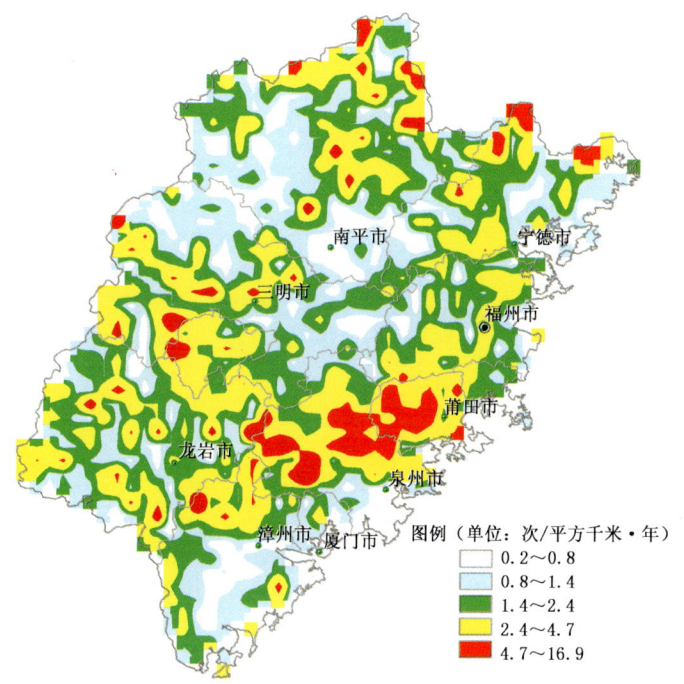

图3.62 2009年福建省雷电密度分布图

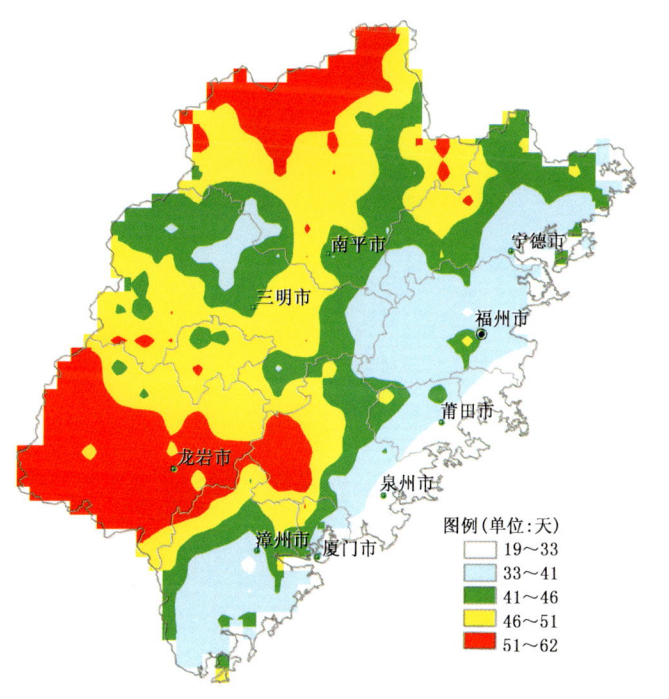

图3.63 2009年福建省雷暴日分布图

二十二、吉林省

2009年吉林省共发生闪电107843次,其中正闪13206次,负闪94637次,每月雷电发生次数见表3.22和图3.64。5月开始有少量雷电活动,6—9月为雷电高发期,10月雷电明显减少,其中,6月份雷电活动次数最多。

表3.22 吉林省2009年逐月雷电数统计表

月份	总闪数	正闪数	负闪数
1	0	0	0
2	1	1	0
3	2	2	0
4	3	2	1
5	264	198	66
6	37168	6051	31117
7	36483	3388	33095
8	17124	1112	16012
9	13805	1419	12386
10	2927	973	1954
11	67	59	8
12	—	—	—
合计	107843	13206	94637

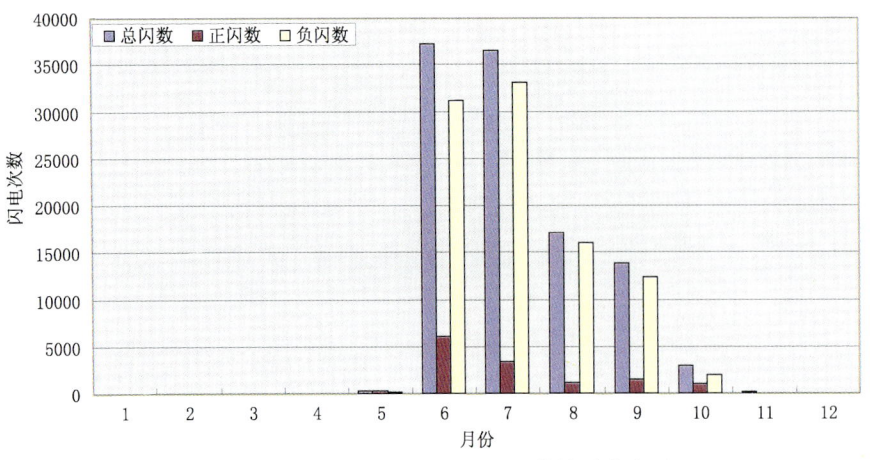

图3.64 2009年吉林省逐月雷电数统计直方图

吉林省雷电密度分布如图3.65所示,高密度区域为中北部的松原、吉林市和冯家屯等地区,最高雷电密度为4.32次/(平方千米·年)。吉林省的雷电密度总体也较其他省(市、区)明显偏低。吉林省雷暴日分布如图3.66所示,年最高雷暴日数为44天,雷暴月数为10个月。

第三部分 2009年部分省(区、市)雷电密度、雷暴日分布图

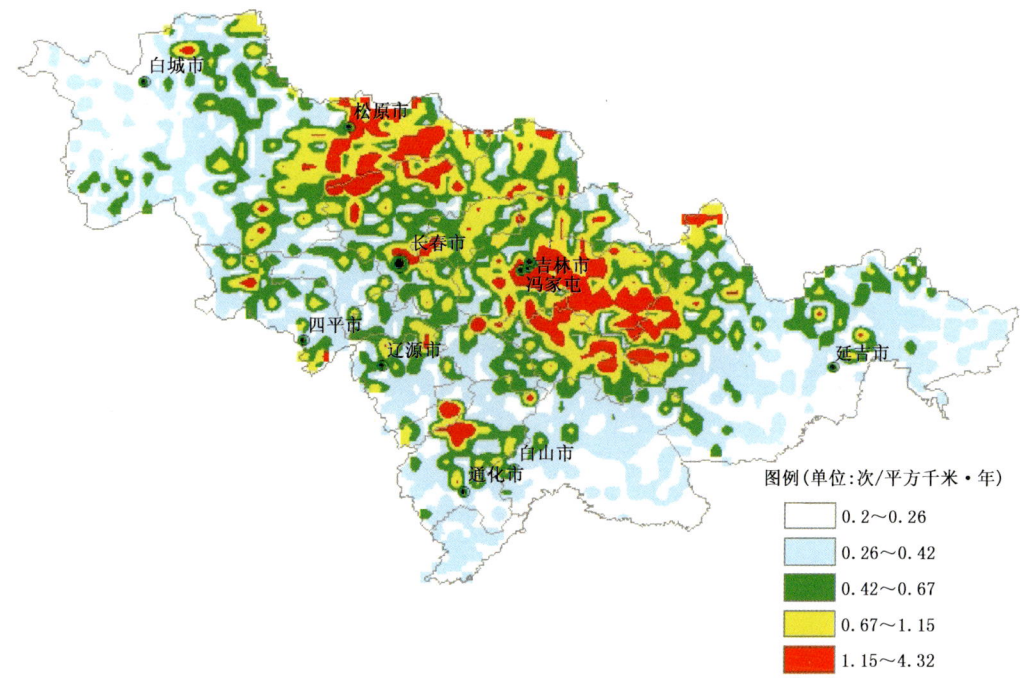

图 3.65 2009 年吉林省雷电密度分布图

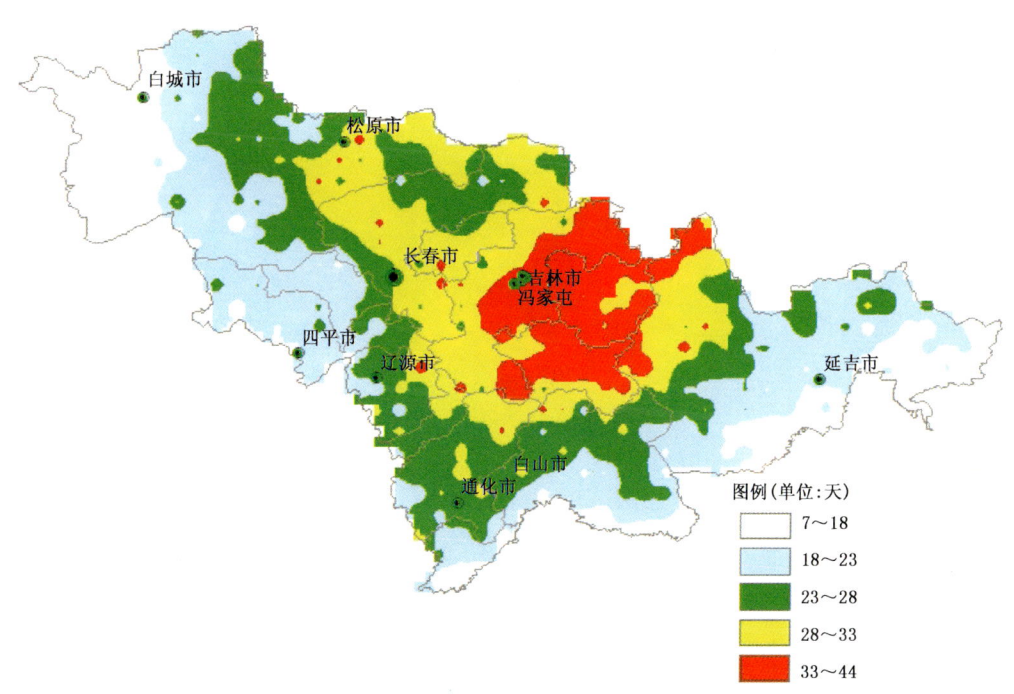

图 3.66 2009 年吉林省雷暴日分布图

二十三、辽宁省

2009年辽宁省共发生闪电68059次,其中正闪8878次,负闪59181次,每月雷电发生次数见表3.23和图3.67。1月开始有少量雷电活动,5月雷电活动逐渐增多,7月和8月是雷电高发期,9月雷电明显减少,10月仍有大量雷电,其中,7月份雷电活动次数最多。

表3.23 辽宁省2009年逐月雷电数统计表

月份	总闪数	正闪数	负闪数
1	—	—	—
2	2	1	1
3	1	1	0
4	5	5	0
5	147	91	56
6	4033	1560	2473
7	31059	2988	28071
8	13309	600	12709
9	8224	744	7480
10	11243	2863	8380
11	36	25	11
12	—	—	—
合计	68059	8878	59181

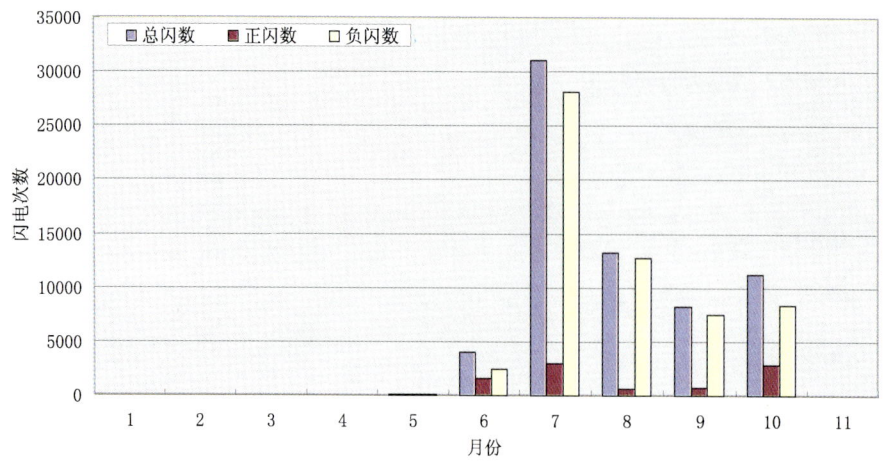

图3.67 2009年辽宁省逐月雷电数统计直方图

辽宁省雷电密度分布如图3.68所示,高密度区域为中北部铁岭、抚顺等地区,最高雷电密度为3.5次/(平方千米·年)。辽宁省雷暴日分布如图3.69所示,年最高雷暴日数为31天,雷暴月数为 11 个月。

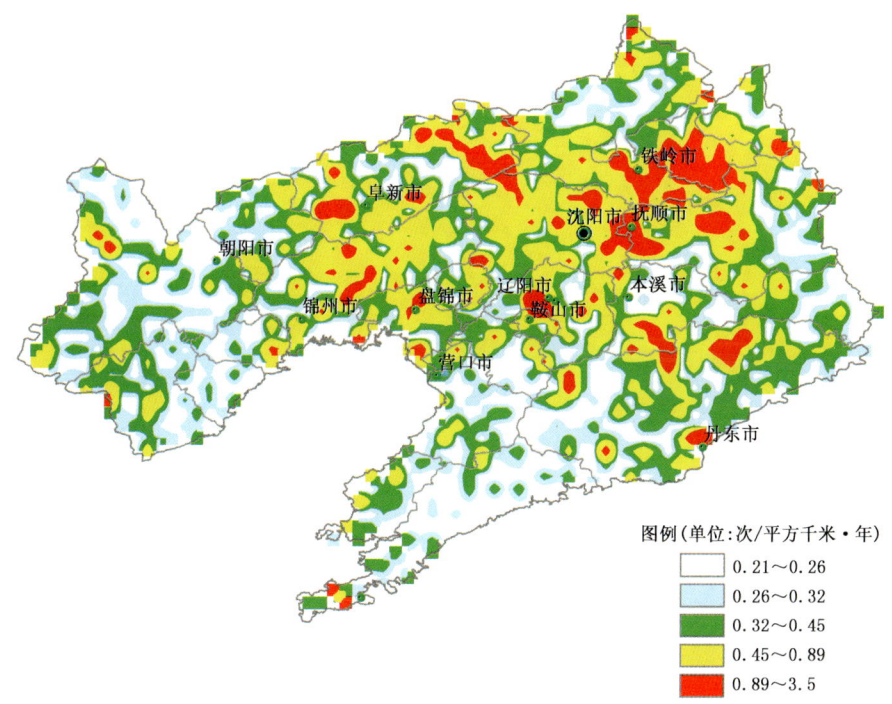

图 3.68　2009 年辽宁省雷电密度分布图

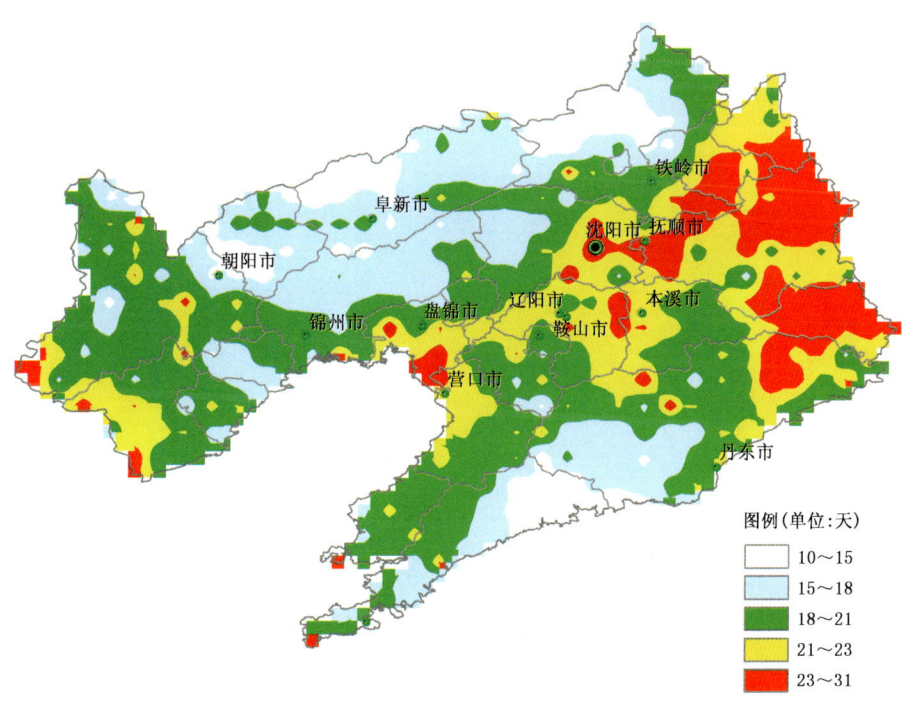

图 3.69　2009 年辽宁省雷暴日分布图

二十四、山东省

2009年山东省共发生闪电127988次,其中正闪7521次,负闪120467次,每月雷电发生次数见表3.24和图3.70。1月开始有少量雷电活动,3月雷电活动逐渐增多,4—5月雷电活动数量有所减少,6—8月是雷电高发期,9月雷电明显减少,11月仍有少量雷电,其中,8月份雷电活动次数最多。

表3.24 山东省2009年逐月雷电数统计表

月份	总闪数	正闪数	负闪数
1	55	24	31
2	39	5	34
3	4880	225	4655
4	163	79	84
5	553	368	185
6	16178	2663	13515
7	19302	1525	17777
8	81336	1810	79526
9	1756	128	1628
10	3659	681	2978
11	67	13	54
12	—	—	—
合计	127988	7521	120467

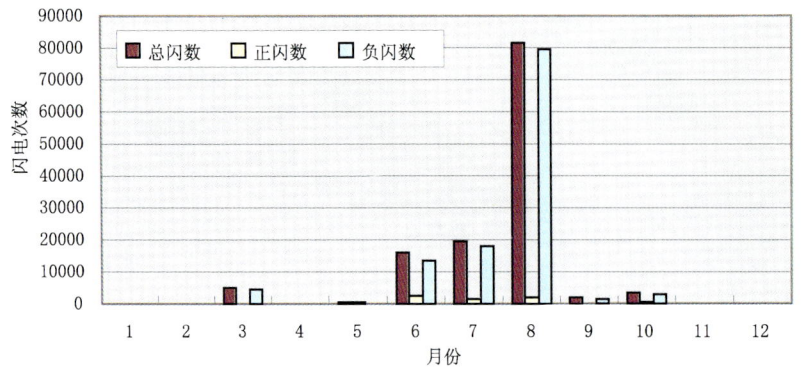

图3.70 2009年山东省逐月雷电数统计直方图

山东省雷电密度分布如图 3.71 所示,高密度区域为莱芜、泰安,南部的枣庄和烟台西部等地区,最高雷电密度为 22.22 次/(平方千米·年)。山东省雷暴日分布如图 3.72 所示,年最高雷暴日数为 31 天,雷暴月数为 11 个月。

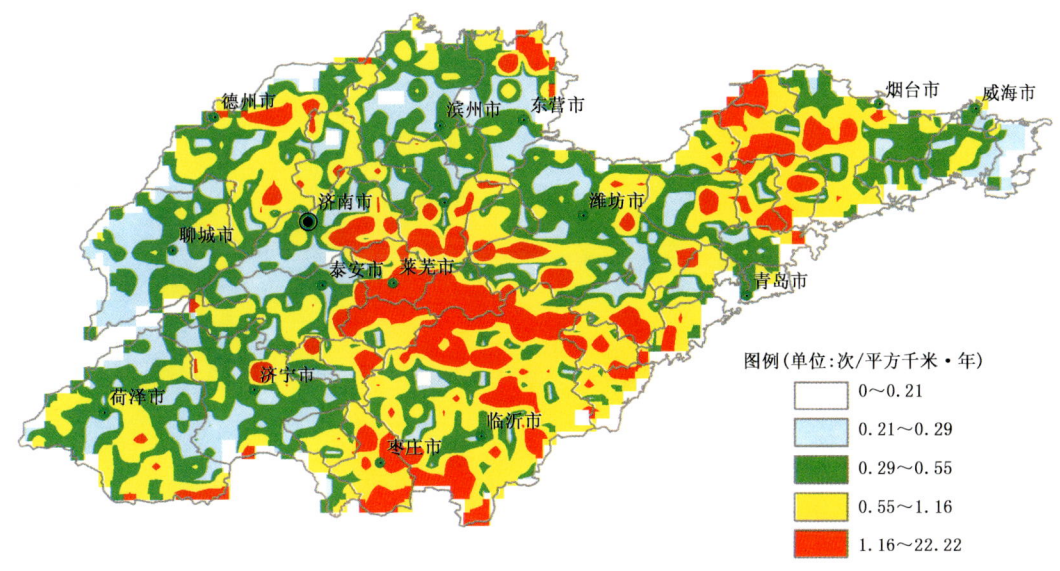

图 3.71 2009 年山东省雷电密度分布图

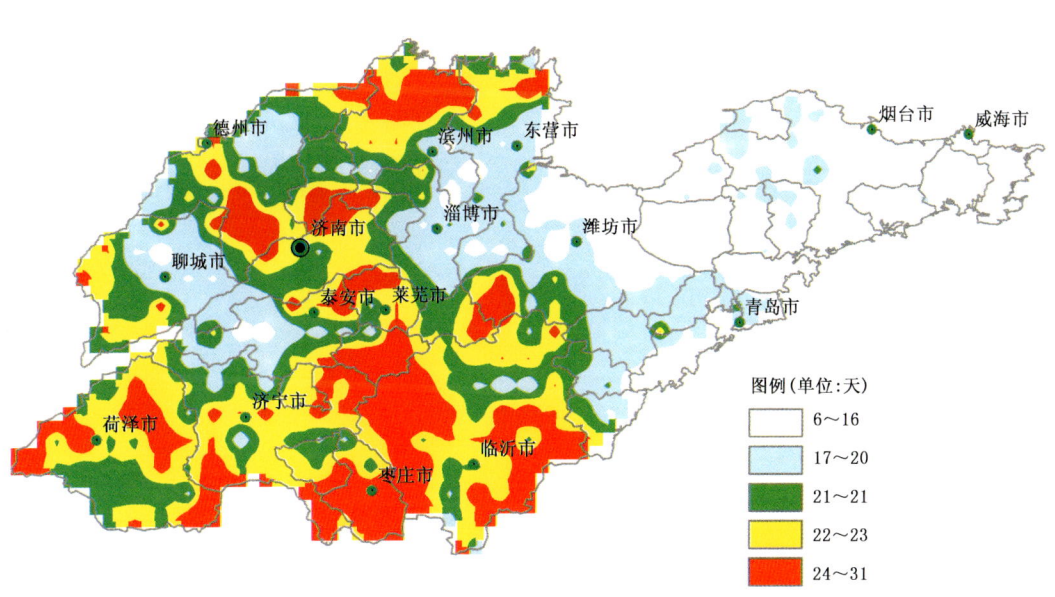

图 3.72 2009 年山东省雷暴日分布图

二十五、安徽省

2009年安徽省共发生闪电367096次,其中正闪17861次,负闪349235次,每月雷电发生次数见表3.25和图3.73。1月开始有少量雷电活动,2—3月雷电活动逐渐增多,4月和5月份雷电活动次数减少。6—8月是雷电高发期,9—10月雷电明显减少,11月又出现大量雷电,其中,8月份雷电活动次数最多。

表3.25 安徽省2009年逐月雷电数统计表

月份	总闪数	正闪数	负闪数
1	7	2	5
2	5971	993	4978
3	19000	952	18048
4	27	9	18
5	94	30	64
6	59700	6311	53389
7	96168	3477	92691
8	164906	3923	160983
9	6470	281	6189
10	891	182	709
11	13862	1701	12161
12	—	—	—
总数	367096	17861	349235

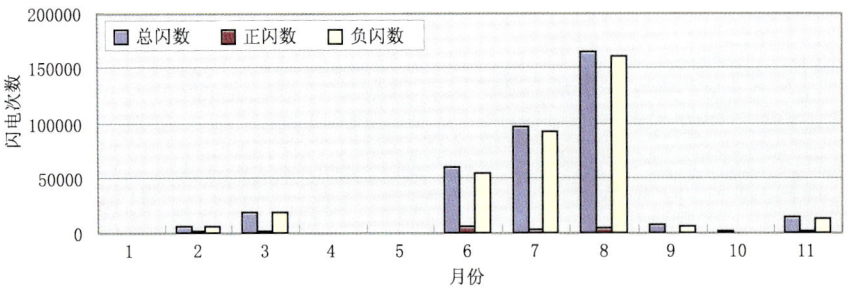

图3.73 2009年安徽省逐月雷电数统计直方图

安徽省雷电密度分布如图3.74所示,高密度区域为安徽省中南部滁州、六安、宣城和黄山等地区,最高雷电密度为13.2次/(平方千米·年)。安徽省雷暴日分布如图3.75所示,年最高雷暴日数为51天,雷暴月数为11个月。

第三部分 2009年部分省(区、市)雷电密度、雷暴日分布图

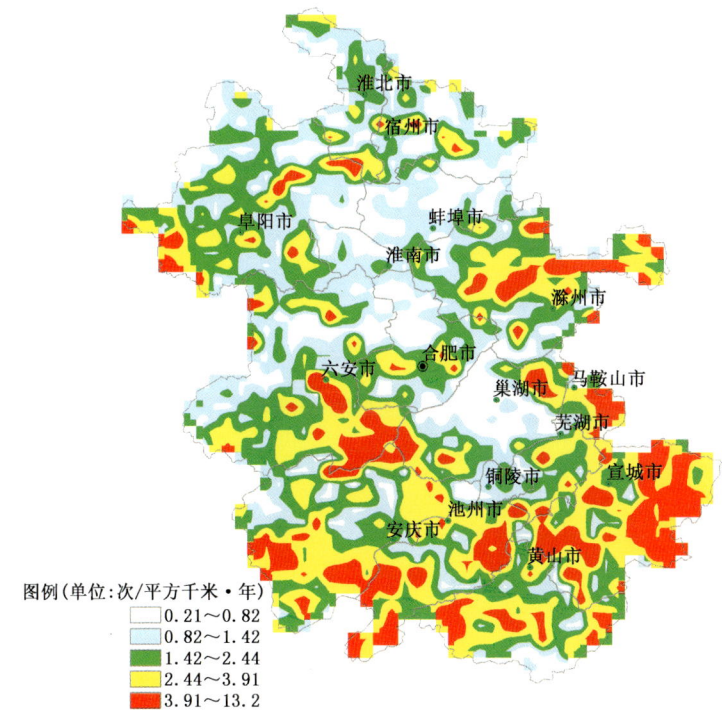

图 3.74 2009年安徽省雷电密度分布图

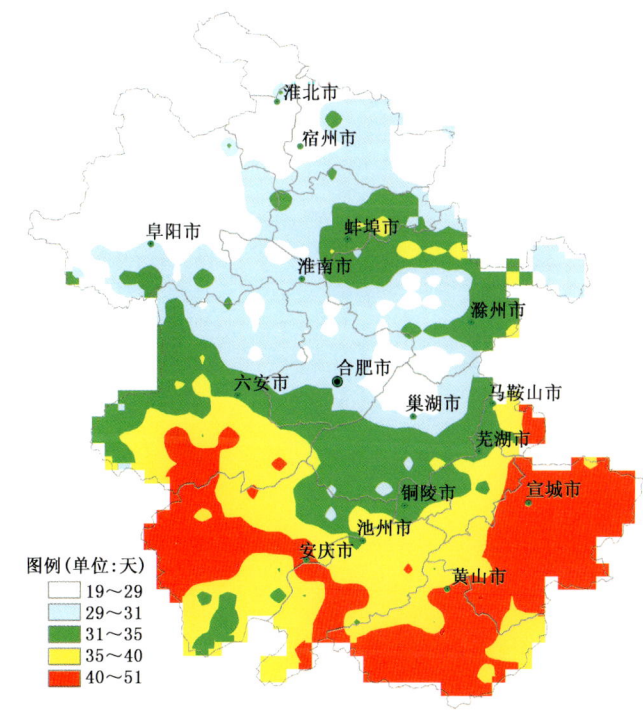

图 3.75 2009年安徽省雷暴日分布图

第四部分
2009年全国雷电监测信息行业服务

一、全国主要机场年雷暴日、雷电密度分布及雷电强度值

2008—2009年全国雷电监测实况数据已传至国家民航安全飞行服务中心,国内各民航机场通过民航内部通讯系统均可以查询全国的雷电活动情况,调度中心也能根据全国雷电活动实况及时变更调度方案,引导飞机避开雷击区。

机场的雷电密度、雷暴日是以机场为中心30千米为半径统计该范围内的雷电密度的值和雷暴日。统计全国机场在雷电探测网覆盖区域的雷电密度分布(图4.1)、雷暴日(图4.2)及雷电流强度值(表4.1),有利于机场防雷工程的设计及年作业量的调度规划。

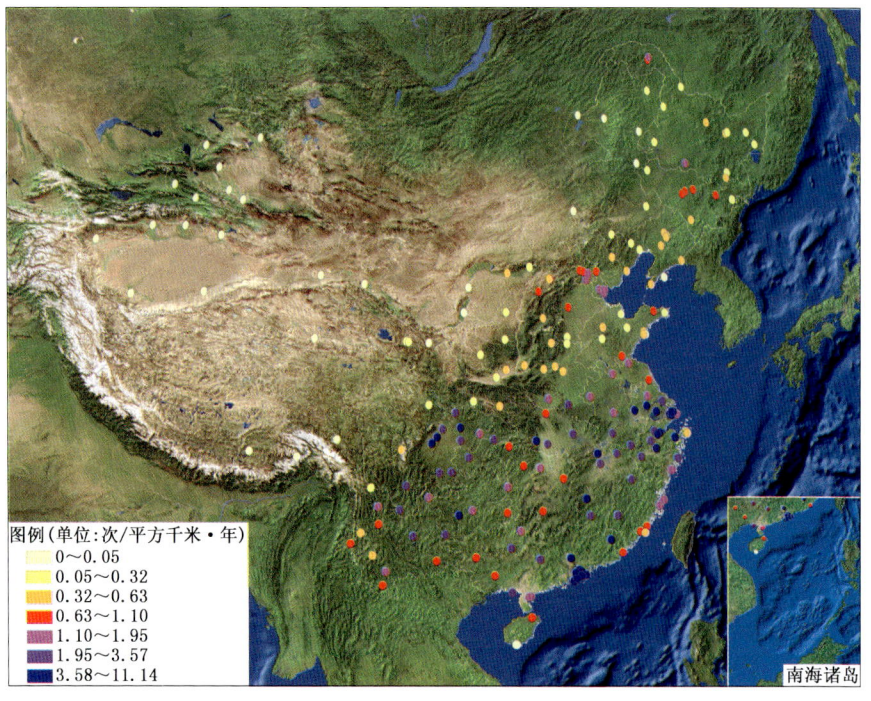

图4.1 2009年全国部分机场雷电密度分布图

广州白云机场、深圳宝安机场、香港机场和澳门机场2009年雷暴日都达到90天以上(图4.2);而雷电最高密度区域出现在广州白云机场,峰值值为11.14次/(平方千米·年)

(图 4.1)。

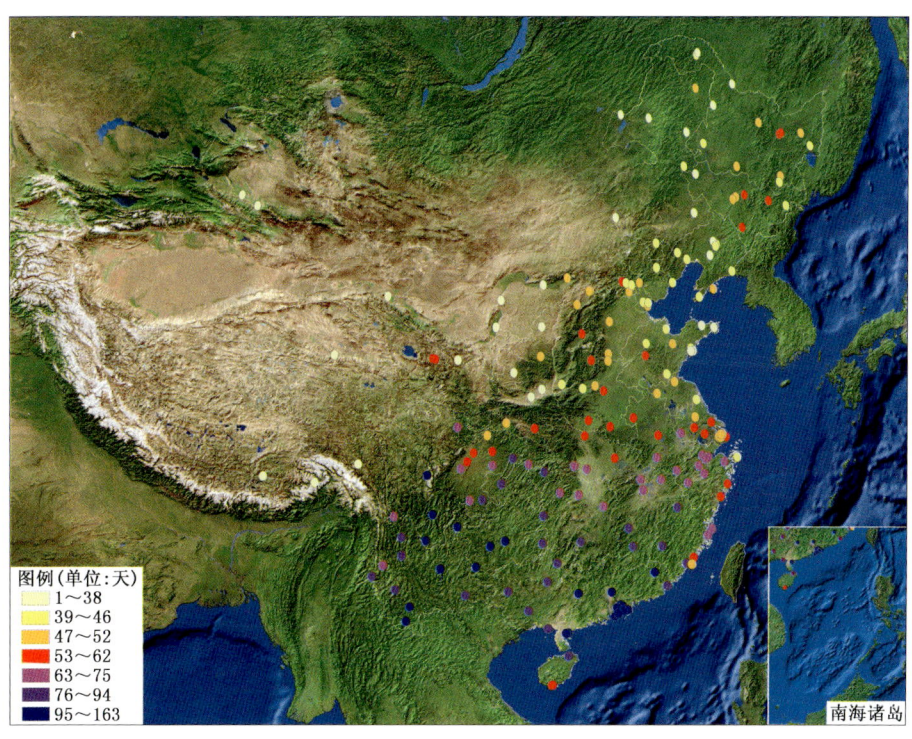

图 4.2 2009 年全国部分机场雷暴日分布图

表 4.1 全国主要机场年雷暴日、雷电密度分布及雷电强度值

机场	省(市)	雷电密度 (次/平方千米·年)	雷暴日数	平均正闪 强度(千安)	平均负闪 强度(千安)
八达岭机场	北京	0.64	53	53.04	−32.41
首都国际机场		1.32	39	54.94	−30.02
北京南苑机场		1.33	49	64.13	−34.56
天津滨海国际机场	天津	1.25	39	52.76	−32.81
石家庄正定国际机场	河北	1.77	45	52.24	−33.55
秦皇岛山海关机场		0.66	47	70.74	−31.83
邯郸机场		0.45	44	69.68	−40.04
太原武宿机场	山西	0.54	42	60.2	−39.09
长治王村机场		0.36	57	50.24	−32.87
平朔安太堡机场		0.36	56	91.79	−38.73
大同怀仁机场		0.67	49	83.53	−34.48
大同航空培训基地机场		0.71	52	33.68	−33.68
运城关公机场		0.58	50	58.86	−28.58

续表

机场	省(市)	雷电密度 (次/平方千米·年)	雷暴日数	平均正闪 强度(千安)	平均负闪 强度(千安)
扎兰屯航空护林站机场	内蒙古自治区	0.52	39	75.15	−41.21
呼和浩特白塔机场		0.04	30	95.51	−82.74
包头二里半机场		0.25	47	58.48	−42.54
海拉尔东山机场		0.34	31	96.3	−31.67
赤峰土城子机场		0.01	10	114.2	−97.9
通辽机场		0.10	39	62.28	−69.95
锡林浩特机场		0.10	28	84.26	−50.41
乌兰浩特机场		0.01	17	209	−64.91
乌海机场		0.05	40	60.83	−79.25
宝清机场	黑龙江	0.15	50	60.06	−41.06
伊春机场		0.19	50	70.5	−47.23
哈尔滨太平国际机场		0.50	47	60.62	−49.26
嫩江机场		1.22	50	59.53	−31.98
塔河航站机场		0.19	34	74.04	−57.64
佳西机场		1.00	41	62.33	−25.81
牡丹江海浪机场		0.39	62	55.6	−40.52
佳木斯东郊机场		0.30	50	53.4	−39.03
黑河机场		0.32	56	78.62	−45.8
齐齐哈尔三家子机场		0.27	38	50.69	−46.09
塔河护林航空站		0.07	43	90.59	−69.47
宁安机场	吉林	1.35	38	32.43	−26.94
长春龙嘉国际机场		0.33	42	48.15	−51.43
吉林二台子机场		0.76	48	69.6	−32.87
延吉朝阳川机场		0.74	55	75.49	−32.53
长春二道河子机场		0.14	40	72.76	−46.65
白城大青山机场		0.73	59	60.65	−29.76
沈阳桃仙国际机场	辽宁	0.41	55	67.84	−41.54
大连周水子机场		0.41	44	69.26	−26.88
沈阳于洪全胜机场		0.42	43	73.98	−28.56
长海大长山岛机场		0.36	41	67.04	−36.64
朝阳机场		0.45	40	150.05	−36.35

续表

机场	省(市)	雷电密度 (次/平方千米·年)	雷暴日数	平均正闪 强度(千安)	平均负闪 强度(千安)
鞍山机场	辽宁	0.16	45	74.24	−35.25
锦州小岭子机场		0.37	38	80.3	−45.92
上海浦东国际机场	上海	0.32	42	64.71	−54.31
上海虹桥机场		1.57	54	68.21	−41.03
上海龙华机场		4.42	51	56.1	−46.59
上海高东海上救助机场		4.27	52	62.42	−41.11
南京禄口国际机场	江苏	4.94	50	62.95	−41.26
常州奔牛机场		7.37	73	48.49	−39.72
江苏泰州春兰直升机场		3.74	60	49.34	−35.4
南通兴东机场		1.89	52	58.91	−33.51
连云港白塔埠机场		2.55	58	68.13	−43.95
徐州观音山机场		1.16	51	56.35	−35.25
盐城机场		1.94	50	58.38	−35.08
无锡硕放机场		0.98	39	57.3	−38.57
杭州萧山国际机场	浙江	3.84	53	51.62	−40.11
宁波栎社机场		3.43	66	51.78	−39.77
温州永强机场		3.79	74	66	−51.02
桐庐直升机场		4.60	65	50.88	−38.22
黄岩陆桥机场		1.83	53	36.55	−38.68
舟山朱家尖机场		3.31	68	53.73	−40.04
义乌机场		2.70	60	85.48	−43.53
衢州机场		0.41	45	102.18	−46.41
合肥骆岗国际机场	安徽	4.31	64	30.37	−34.02
黄山屯溪机场		2.84	73	43.48	−30.92
安庆天柱山机场		3.66	74	68.76	−43.6
阜阳机场		1.73	59	56.93	−36.49
福州长乐国际机场	福建	2.46	75	51.48	−36.52
厦门高崎机场		2.05	71	59.69	−40.41
南平武夷山机场		1.93	62	53.84	−42
泉州晋江机场		1.46	72	58.85	−32.33
连城官豸山机场		1.00	77	47.52	−29.14

续表

机场	省(市)	雷电密度(次/平方千米·年)	雷暴日数	平均正闪强度(千安)	平均负闪强度(千安)
南昌昌北国际机场	江西	2.28	89	32.68	−34.12
九江庐山机场		0.97	59	44.1	−34.21
景德镇罗家机场		2.22	81	40.05	−34.05
赣州黄金机场		2.27	70	61.47	−31.59
井冈山机场		4.01	64	52.54	−34.33
济南遥墙国际机场	山东	2.60	72	51.4	−32.08
青岛流亭国际机场		3.48	79	50.01	−27.7
烟台莱山机场		4.46	83	51.92	−31.4
威海大水泊机场		0.56	46	73.4	−45.12
临沂机场		0.65	28	82.5	−44.08
东营机场		0.17	27	63.84	−59.71
泰安直升机场		0.80	45	67.94	−40.55
郑州上街机场	河南	0.21	46	60.22	−43.99
明港机场		0.32	37	32.57	−42.61
南阳姜营机场		0.29	56	156.74	−47.97
洛阳北郊机场		0.43	37	28.51	−46.29
郑州新郑国际机场		0.47	47	83.22	−52.39
安阳航空运动学校机场		2.56	54	77.55	−39.16
沙市机场	湖北	1.72	56	70.56	−43.98
武汉天河机场		0.40	40	82.63	−60.09
宜昌三峡机场		0.57	56	115.12	−44.32
襄樊刘集机场		0.20	50	72.63	−55.67
恩施机场		2.68	66	47.85	−35.36
永州零陵机场	湖南	2.19	60	58.03	−36.14
常德机场		3.80	64	49.85	−31.87
张家界荷花机场		0.71	55	81.39	−41.77
长沙黄花国际机场		1.09	81	57.45	−41.1
广州白云国际机场	广东	0.94	76	47.16	−34.32
深圳宝安国际机场		1.11	68	63.21	−37.58
深圳南头直升机场		0.77	72	55.82	−44.92
湛江坡头民航直升机场		0.68	63	63.46	−36.59

续表

机场	省(市)	雷电密度 (次/平方千米·年)	雷暴日数	平均正闪 强度(千安)	平均负闪 强度(千安)
湛江坡头中国海洋直升机场	广东	9.74	120	43.25	−32.61
湛江新塘机场		8.86	123	30.28	−32.85
梅县机场		1.88	99	100.23	−49.64
百色右江机场	广西	4.06	150	47.81	−37.1
北海机场		3.97	82	43.56	−39.8
梧州机场		0.79	128	75.17	−53.61
柳州机场		8.66	81	36.86	−28.98
南宁吴圩机场		1.01	78	76.81	−49.57
桂林两江机场		2.36	101	60.01	−41.53
三亚凤凰机场	海南	2.42	90	51.09	−45.41
海口美兰国际机场		2.01	79	106.83	−57.19
万州机场	重庆	0.90	88	73.49	−42.87
重庆江北国际机场		1.59	54	94.71	−69.6
康定斯丁措机场	四川	0.05	94	90.19	−134.07
广汉机场		0.89	74	80.45	−37.9
阆中机场		3.26	81	48.35	−37.56
泸州蓝田机场		2.87	112	79.78	−43.54
宜宾机场		0.47	62	67.67	−43.21
绵阳机场		3.85	61	73.56	−39.42
广元盘龙机场		5.39	80	70.44	−40.62
攀枝花保安营机场		3.54	75	85.17	−47.05
达州机场		3.04	58	101.63	−58.07
南充火花机场		3.57	52	59.72	−41.49
西昌青山机场		2.78	107	78.97	−48.35
成都双流国际机场		2.54	79	59.94	−36.36
九寨沟机场		1.52	67	82.53	−45.11
兴义机场	贵州	2.07	103	65.74	−47.02
黎平机场		3.02	70	61.15	−34.19
铜仁大兴机场		4.46	68	83.99	−39.42
安顺黄果树机场		0.13	105	108.65	−76.86
贵阳龙洞堡机场		2.46	77	63.27	−39.89

续表

机场	省(市)	雷电密度 (次/平方千米·年)	雷暴日数	平均正闪强度(千安)	平均负闪强度(千安)
文山普者黑机场	云南	1.03	81	59.06	-39.36
临沧博尚机场		1.62	99	67.62	-42.84
芒市机场		4.72	97	48.25	-32.27
保山机场		1.56	90	53.71	-34.84
丽江三义机场		0.88	87	86.8	-44.65
西双版纳嘎洒机场		0.63	90	68.25	-37.78
思茅机场		0.82	74	70.48	-37.47
迪庆香格里拉机场		0.46	88	71.95	-38.75
大理荒草坝机场		1.20	117	74.05	-43.71
昆明巫家坝国际机场		0.92	97	55.86	-39.11
昭通机场		1.46	75	60.02	-33.69
拉萨贡嘎机场	西藏自治区	0.24	93	100.04	-39.69
昌都邦达机场		0.70	117	67.5	-36.86
林芝米林机场		2.65	96	56.39	-28.7
蒲城机场	陕西	1.37	5	72.81	-53.28
汉中机场		0.02	17	184.65	-103.68
西安咸阳国际机场		0.01	37	0	-149.61
榆林西沙机场		0.40	62	45.39	-22.6
延安二十里堡机场		0.37	47	115.5	-40.62
嘉峪关机场	甘肃	0.30	29	63.66	-42.96
敦煌机场		0.08	49	39.72	-124.97
兰州中川机场		0.19	6	58.51	-54.86
西宁曹家堡机场	青海	0.12	34	98.71	-56.95
银川河东机场	宁夏回族自治区	0.01	54	43.76	-60.92
伊宁机场	新疆维吾尔自治区	0.20	59	72.19	-96.68
库车机场		0.19	1	44.41	-24.86
石河子通用航空机场		0.02	3	81.53	-38.25

二、全国主要港口年雷暴日、雷电密度分布及雷电强度值

统计全国各大港口在雷电探测网覆盖区域的雷电密度分布(图4.3)、雷暴日(图4.4)及雷电流强度值(表4.2)有利于全国各大港口的物流及其他工作的安排。

第四部分 2009年全国雷电监测信息行业服务

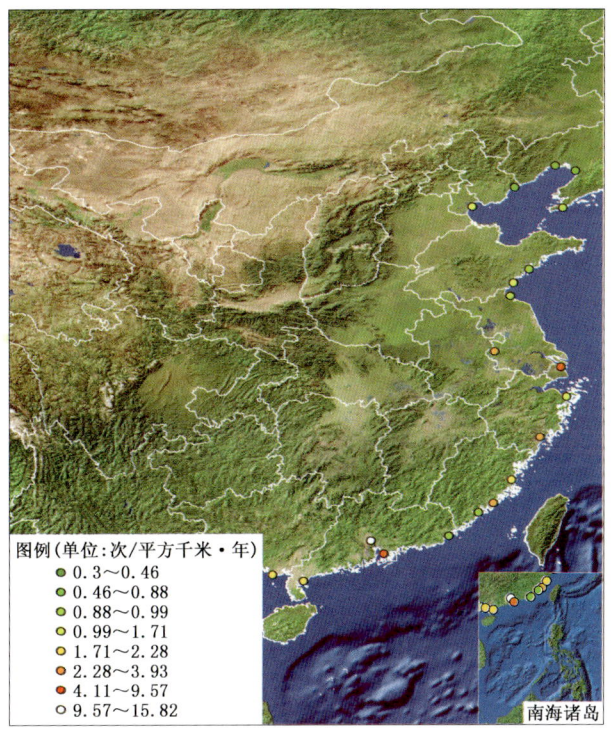

图 4.3 2009 年全国部分港口雷电密度分布图

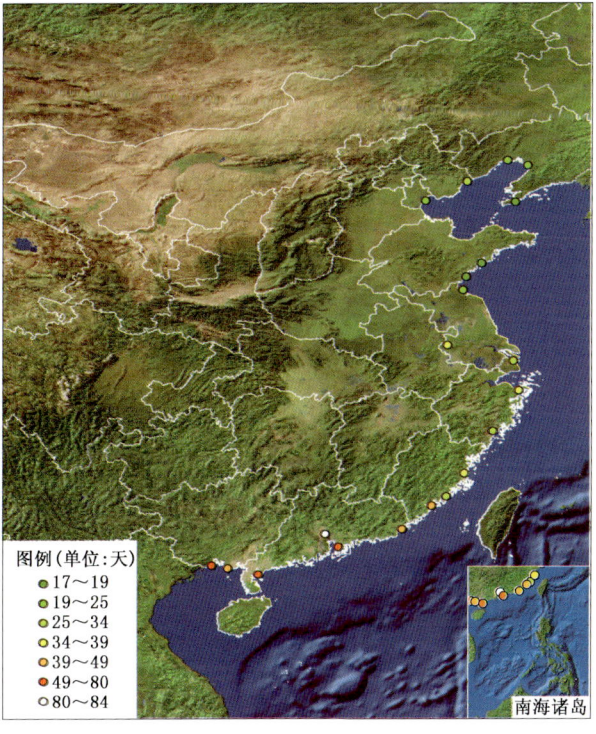

图 4.4 2009 年全国部分港口雷暴日分布图

表 4.2　沿海主要港口年雷电密度、雷暴日及平均雷电强度统计表

港口	雷电密度（次/平方千米·年）	雷暴日数	平均正闪强度（千安）	平均负闪强度（千安）
南京港	3.94	35	47.06	−38.3854
广州港	15.83	84	40.84	−33.2539
泉州港	2.36	30	44.19	−33.1308
防城港	0.99	50	72.98	−47.9706
北海港	2.28	39	58.39	−42.6908
湛江港	2.08	57	80.76	−46.5697
汕头港	0.89	42	66.14	−48.7148
深圳港	9.57	80	32.28	−31.4841
厦门港	0.82	42	41.99	−31.1176
福州港	2.00	37	43.27	−34.7653
温州港	3.71	35	39.41	−34.8068
宁波港	1.71	35	55.07	−41.3919
上海港	4.11	30	63.00	−40.9502
连云港港	0.93	23	54.95	−38.7615
日照港	1.10	18	51.00	−38.7739
青岛港	0.47	17	57.46	−44.9838
秦皇岛港	0.41	25	65.46	−38.3789
锦州港	0.40	19	61.56	−42.8834
营口港	0.46	23	64.82	−36.3533
大连港	0.93	18	70.91	−51.7529
天津港	1.54	23	58.00	−32.3495

港口的雷电密度、雷暴日是以港口为中心30千米为半径统计该范围内的雷电密度的平均值和雷暴日的平均值。

广东一带港口雷暴日在40天以上,雷电密度在4.11～15.82次/(平方千米·年),其中广州港雷暴日达84天,雷电密度达15.82次/(平方千米·年),居各港口之首。

三、全国主要发电厂年雷暴日、雷电密度分布及雷电强度值

统计全国部分发电厂在雷电探测网覆盖区域的年雷电密度分布(图4.5)、雷暴日(图4.6)及雷电流强度值(表4.3),有利于全国各大发电厂正常运行和工作安排。

发电厂的雷电密度、雷暴日是以发电厂为中心30千米为半径统计该范围内的雷电密度的

平均值和雷暴日的平均值。

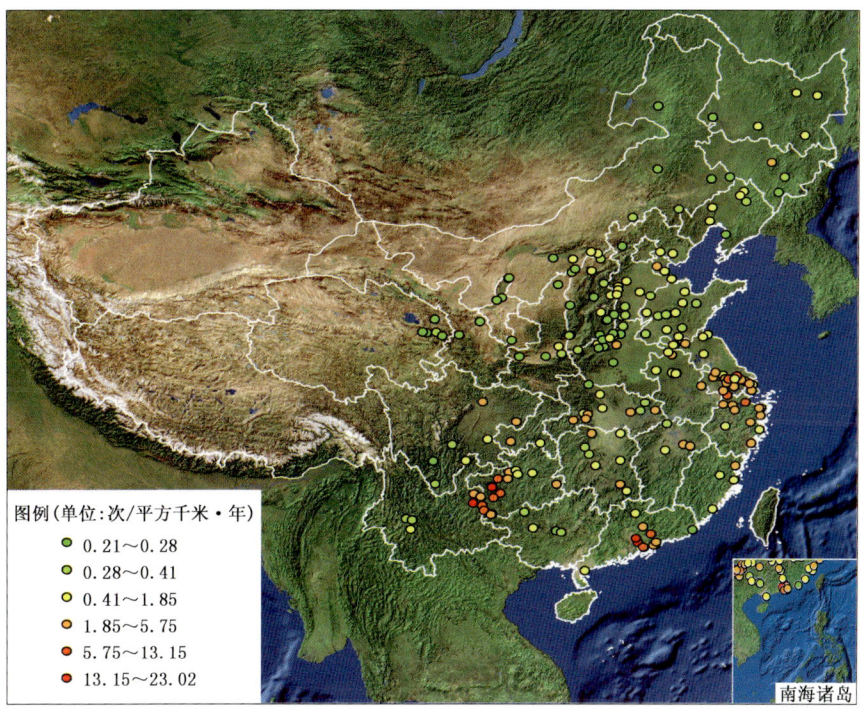

图 4.5　2009 年全国部分发电厂雷电密度分布图

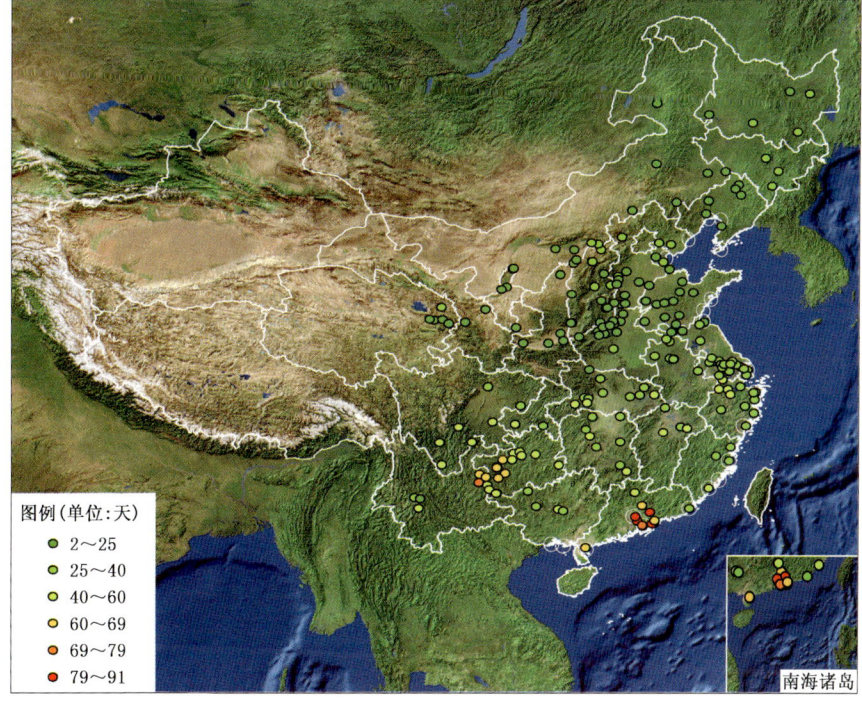

图 4.6　2009 年全国部分发电厂年雷暴日分布图

表 4.3 2009 年全国部分发电厂年雷电密度、雷暴日及平均雷电强度统计表

电厂	功率（兆瓦）	雷电密度（次/平方千米·年）	雷暴日数	平均正闪强度（千安）	平均负闪强度（千安）
三峡	3000	2.19	38	39.85	−32.45
溪洛渡		1.12	43	72.90	−51.43
龙滩		0.79	38	79.66	−53.43
邹县		0.39	22	93.08	−43.45
小湾		0.35	24	71.71	−55.56
拉西瓦		0.27	16	40.07	−99.65
托克托		0.54	22	80.14	−36.17
锦屏一级		0.70	49	55.49	−45.20
二滩		3.41	61	57.63	−37.04
瀑布沟		0.47	38	98.34	−60.39
阳城		0.58	22	81.57	−34.76
北仑		1.71	31	63.59	−46.07
台山		4.08	68	50.78	−46.66
构皮滩		2.19	48	54.20	−37.24
外高桥		1.54	29	0.00	−41.19
嘉兴		1.65	35	73.63	−44.49
达拉特		0.37	14	134.74	−37.54
葛洲坝	2000	4.22	37	48.51	−29.87
太仓港		2.06	30	32.90	−42.35
珞璜		3.13	45	72.88	−41.66
宁海		2.79	41	51.99	−37.87
乌沙山		1.96	35	53.29	−43.30
珠海		6.85	76	55.80	0.00
西柏坡		0.94	23	66.45	−39.23
洛河		0.99	30	75.94	−43.21
丰城		3.21	47	41.08	−32.85
德州		0.57	21	59.12	−43.17
阳逻		3.97	36	54.70	−32.31
襄樊		1.19	27	64.86	−36.25
广安		2.48	39	86.44	−44.26
大同第二发电厂		0.67	27	59.05	−29.60

续表

电厂	功率（兆瓦）	雷电密度（次/平方千米·年）	雷暴日数	平均正闪强度（千安）	平均负闪强度（千安）
丰镇	2000	0.80	28	56.42	−33.41
张家口		0.88	31	56.84	−33.00
广州蓄能		5.25	65	53.89	−34.74
惠州蓄能		8.30	81	39.92	−30.16
盘山		1.28	27	49.31	−32.16
伊敏		0.21	3	167.15	−88.21
首阳山		0.30	20	85.05	−59.88
元宝山		0.27	18	49.58	−49.76
谏壁		2.95	35	49.57	−34.49
吴泾		3.51	30	60.03	−42.77
双鸭山		0.38	25	62.89	−45.53
田湾		0.70	20	0.00	−39.81
泰州		2.00	32	69.71	−34.95
靖远		0.22	7	0.00	−71.47
珠江	1800	5.45	78	34.58	−31.41
徐州		1.93	23	58.67	−36.26
营口		0.33	20	79.45	−45.22
太仓		2.18	30	55.56	−37.98
潍坊		0.46	17	80.70	−49.50
三门峡西		0.36	12	175.67	−44.56
湘潭		0.86	35	90.03	−47.14
荆门		2.36	30	44.53	−33.00
天荒坪蓄能		3.29	45	47.03	−36.69
小浪底		0.45	20	80.83	−69.21
妈湾		5.69	70	28.36	−30.80
镇海		2.70	36	47.49	−42.35
白山		0.57	30	52.74	−30.50
邢台		0.30	19	98.18	−56.05
清河		1.03	21	55.70	−24.45
彭水	1600	2.63	39	58.57	−35.40
镇江		3.48	34	36.68	−32.44

续表

电厂	功率（兆瓦）	雷电密度（次/平方千米·年）	雷暴日数	平均正闪强度（千安）	平均负闪强度（千安）
漳泽	1600	0.66	24	51.52	−36.62
绥中		0.31	19	35.07	−38.89
哈尔滨第三发电厂		1.30	32	60.04	−28.63
水布垭		1.41	41	87.52	−38.82
李家峡		0.25	19	51.80	−34.06
漫湾	1400	0.44	25	49.69	−39.95
陡河		1.63	28	61.16	−28.40
公伯峡		0.23	15	89.57	−40.30
温州		3.54	32	43.76	−40.90
长兴		5.40	47	29.33	−30.78
菏泽		0.50	22	94.83	−44.08
秦山第三发电厂		5.00	35	53.83	−49.20
柳林		0.45	18	80.50	−36.67
大连		0.89	18	68.09	−58.62
福州		1.81	34	51.77	−34.24
通辽		0.27	13	78.33	−55.39
阜新		0.55	16	61.36	−42.46
水口		1.66	39	76.96	−34.18
九江	1200	1.98	38	53.57	−34.07
大朝山		0.83	41	60.29	−49.20
台州		2.24	34	75.15	−43.60
黄埔		17.69	84	33.19	−31.39
桥头		0.30	25	54.11	−37.59
上安		0.95	25	96.98	−28.43
河津		0.39	14	0.00	−44.02
望亭		2.49	35	53.98	−40.98
岳阳		1.30	33	64.13	−34.00
半山		4.20	43	63.62	−41.19
渭河		0.32	11	63.46	−49.89
神头第一发电厂		1.10	28	79.52	−32.23
龙羊峡		0.29	16	53.55	−62.72

续表

电厂	功率（兆瓦）	雷电密度（次/平方千米·年）	雷暴日数	平均正闪强度（千安）	平均负闪强度（千安）
徐塘		1.38	25	55.91	−32.65
新乡		0.52	21	66.31	−53.99
十里泉		1.34	24	73.57	−41.44
邯峰		0.26	19	78.65	−53.40
定州		0.62	23	58.50	−31.21
王滩		1.16	23	74.08	−35.25
黄骅		0.72	21	52.61	−33.31
龙山		0.46	21	79.12	−44.28
王曲		0.33	23	83.30	−45.24
河曲		0.31	20	96.92	−39.02
武乡		0.45	24	55.06	−37.61
岱海		0.76	25	64.30	−33.46
上都		0.37	18	89.08	−32.15
白音华		0.21	4	122.61	−159.56
庄河		0.28	13	77.62	−48.73
常熟第二发电厂	1200	2.06	27	90.65	−44.76
沙洲		1.23	32	45.09	−41.46
常州		3.77	36	45.42	−36.19
兰溪		2.70	38	56.46	−31.76
乐清		1.89	30	70.63	−37.42
阜阳		1.74	26	69.14	−39.02
宿州		1.85	27	63.84	−36.48
田集		0.85	29	58.33	−41.93
可门		1.88	38	26.53	−35.22
宁德		1.35	39	56.90	−38.28
黄金埠		3.64	43	44.50	−27.74
聊城		0.29	19	67.70	−57.78
费县		0.57	24	71.96	−46.25
沁北		0.93	22	70.19	−50.85
新乡宝山		0.36	20	80.67	−91.37
大别山		1.21	31	70.43	−39.49

续表

电厂	功率（兆瓦）	雷电密度（次/平方千米·年）	雷暴日数	平均正闪强度（千安）	平均负闪强度（千安）
金竹山		1.99	42	77.01	-41.76
鲤鱼江第二发电厂		1.53	41	72.50	-44.37
汕尾		0.85	38	138.75	-47.10
三百门		1.88	41	54.53	-42.96
惠来		0.66	32	64.77	0.00
防城港		0.89	51	115.92	-55.14
钦州		1.09	42	100.49	-44.07
盘南		4.56	67	61.53	-39.31
滇东		4.66	60	65.99	-39.15
韩城第二发电厂		0.88	17	81.77	-40.19
锦界		0.30	14	45.40	-36.27
灵武		0.27	5	78.25	-47.14
鹤岗		0.37	23	77.87	-48.43
汕头		0.86	39	66.42	-51.95
大港		0.86	25	64.76	-33.06
衡水	1200	1.53	21	64.27	-33.05
阳泉第二发电厂		1.51	27	58.98	-29.60
太原第一发电厂		0.52	26	50.24	-32.87
西龙池蓄能		0.87	23	46.99	-30.70
铁岭		0.82	20	74.51	-28.81
蒲石河蓄能		0.40	21	55.92	-47.49
双辽		0.34	18	87.78	-48.70
常熟		4.79	34	52.38	-39.18
彭城		1.17	24	72.48	-36.59
桐柏蓄能		2.41	40	58.30	-37.94
马鞍山第二发电厂		3.46	36	51.10	-43.19
嵩屿		0.69	39	54.47	-29.11
石横		0.36	18	130.34	-64.21
莱城		4.18	22	77.61	-34.19
青岛		0.40	18	43.03	-43.58
姚孟		0.73	25	75.60	-33.71

续表

电厂	功率（兆瓦）	雷电密度（次/平方千米·年）	雷暴日数	平均正闪强度（千安）	平均负闪强度（千安）
宝泉蓄能		0.88	24	71.62	-58.77
隔河岩		4.16	40	54.76	-32.60
汉川		2.93	27	52.51	-36.00
白莲河蓄能		3.55	43	63.78	-36.36
石门		3.57	36	69.85	-46.30
湛江		2.07	60	76.61	-47.11
岩滩		0.52	32	89.66	-49.47
天生桥一级		2.96	56	71.23	-43.33
江油		4.96	27	68.36	-44.03
安顺		5.61	62	43.66	-32.78
黔北		4.81	52	42.38	-34.71
纳雍第一发电厂		3.70	59	0.00	0.00
纳雍第二发电厂		10.81	65	44.82	-30.30
大方		6.78	60	71.45	-36.22
鸭溪	1200	2.58	50	91.62	-35.18
黔西		4.08	54	56.68	-33.04
曲靖		7.20	74	72.52	-38.25
宣威		4.62	65	66.79	-36.67
宝鸡		0.28	9	110.49	-55.06
蒲城		0.72	16	86.73	-36.20
平凉		0.23	8	36.74	-114.25
大坝		0.27	6	0.00	-39.57
石嘴山		0.22	3	0.00	0.00
沙角		17.51	87	24.89	-32.20
五强溪		1.07	36	67.25	-33.83
海勃湾		0.22	3	38.16	0.00
锦州		0.44	18	51.24	-40.41
富拉尔基		0.29	19	77.22	-44.32
焦作		1.08	21	67.84	-67.02
海口		0.77	38	81.96	-44.54
刘家峡	1000	0.23	7	102.21	-115.67

续表

电厂	功率（兆瓦）	雷电密度（次/平方千米·年）	雷暴日数	平均正闪强度（千安）	平均负闪强度（千安）
韶关		1.60	53	87.79	−43.81
乌江渡		2.20	49	48.19	−35.75
辽宁		0.68	23	62.08	−26.19
戚墅堰		4.76	35	46.58	−36.69
天生港		2.21	31	73.91	−43.54
夏港		3.73	34	66.83	−40.35
田家庵		1.27	30	57.51	−44.44
贵溪		4.05	52	38.57	−30.13
万家寨		0.53	21	94.65	−41.74
石洞口燃机		5.33	31	74.72	−37.44
深圳东部燃机		5.34	87	28.72	−30.28
前湾燃机		10.70	80	46.07	−32.31
惠州燃机		6.53	67	29.10	−27.15
淮北	1000	1.65	25	59.75	−37.84
秦岭		0.62	12	62.77	−41.58
光照		6.55	62	41.60	−32.32
牡丹江		0.52	30	57.27	−28.62
丰满		1.31	38	60.13	−28.76
秦皇岛		0.40	25	69.68	−40.04
淮阴		1.94	28	32.90	−27.77
扬州		2.53	30	52.71	−32.21
新海		1.35	25	55.08	−35.82
胜利油田		0.35	18	61.99	−46.84
辛店		0.87	17	55.68	−32.69
鹤壁		0.49	21	109.01	−40.31
耒阳		2.04	36	64.85	−41.30
张河湾蓄能		1.12	23	49.42	−30.19
宜兴蓄能		5.60	39	34.32	−30.82
泰安蓄能		0.33	21	86.72	−39.56
三板溪		1.05	43	54.98	−40.20
郑州		1.03	21	111.85	−43.60

续表

电厂	功率（兆瓦）	雷电密度（次/平方千米·年）	雷暴日数	平均正闪强度（千安）	平均负闪强度（千安）
盘县	1000	5.92	68	75.38	−35.36
马头		0.27	20	75.62	−49.02
龙口		1.23	17	80.86	−44.94
合山		1.21	42	100.32	−54.91
杨柳青	900	1.82	22	64.52	−29.15
洛阳		0.54	18	80.44	−48.12
张家港		3.43	35	51.15	−41.10
萧山		4.04	41	67.99	−44.24
来宾		0.89	43	123.72	−48.83
柘溪		1.07	42	63.46	−39.99
白马		2.21	40	107.17	−47.48
浑江		0.39	26	65.88	−38.94
丹江口		0.53	21	83.83	−46.76

四、西昌卫星发射中心年雷暴日、雷电密度分布及雷电强度值

西昌卫星发射中心地处我国西南崇山峻岭中，一年四季都有雷电发生，1月、2月、11月和12月份雷电相对较少，6月、7月和8月三个月雷电相对较多，西昌卫星发射中心2009年雷电逐月统计如表4.4和图4.7所示。

表4.4　西昌卫星发射中心2009年逐月雷电数统计表

月份	总闪数	正闪数	负闪数
1	5	3	2
2	0	0	0
3	190	28	162
4	1584	234	1350
5	2361	315	2046
6	15230	844	14386
7	9284	702	8582
8	11303	741	10562
9	7066	422	6644

续表

月份	总闪数	正闪数	负闪数
10	971	178	793
11	4	0	4
12	0	0	0

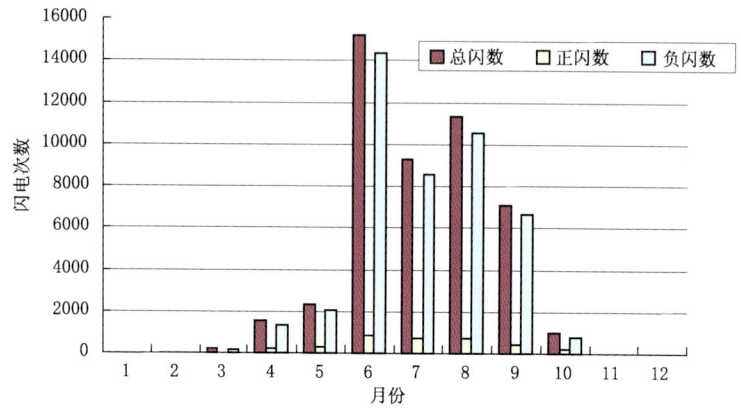

图 4.7　西昌卫星发射中心 2009 年逐月雷电数分布图

以西昌卫星发射中心为圆心,统计半径 100 千米内的雷电密度分布(图 4.8)和雷暴日分布(图 4.9),最高密度为 10.89 次/(平方千米·年),最高雷暴日为 75 天。

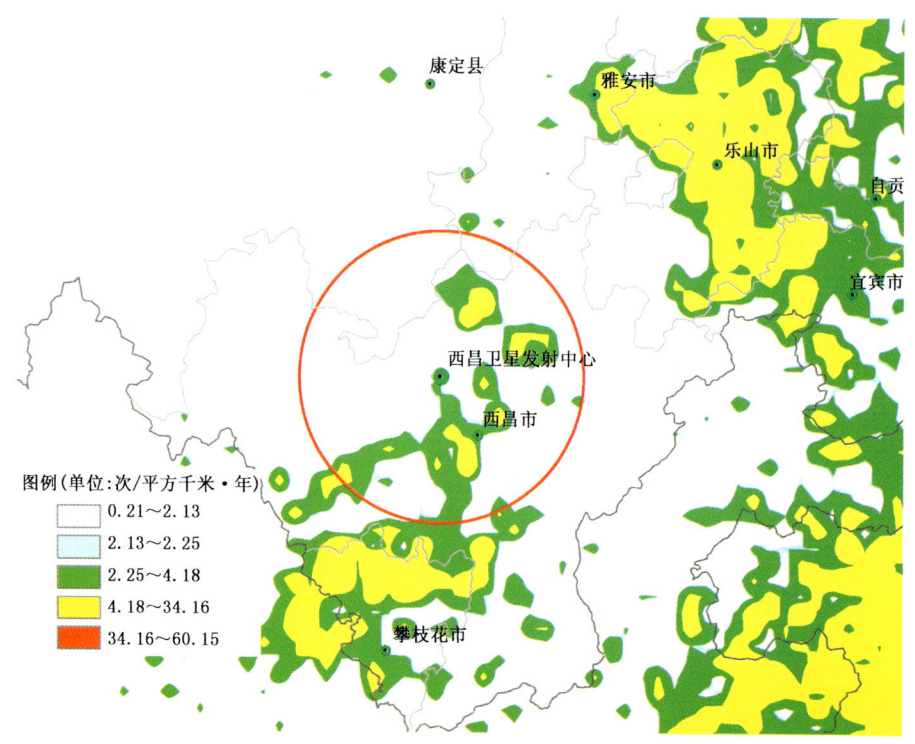

图 4.8　2009 年全国西昌卫星发射中心 100 千米内雷电密度分布图

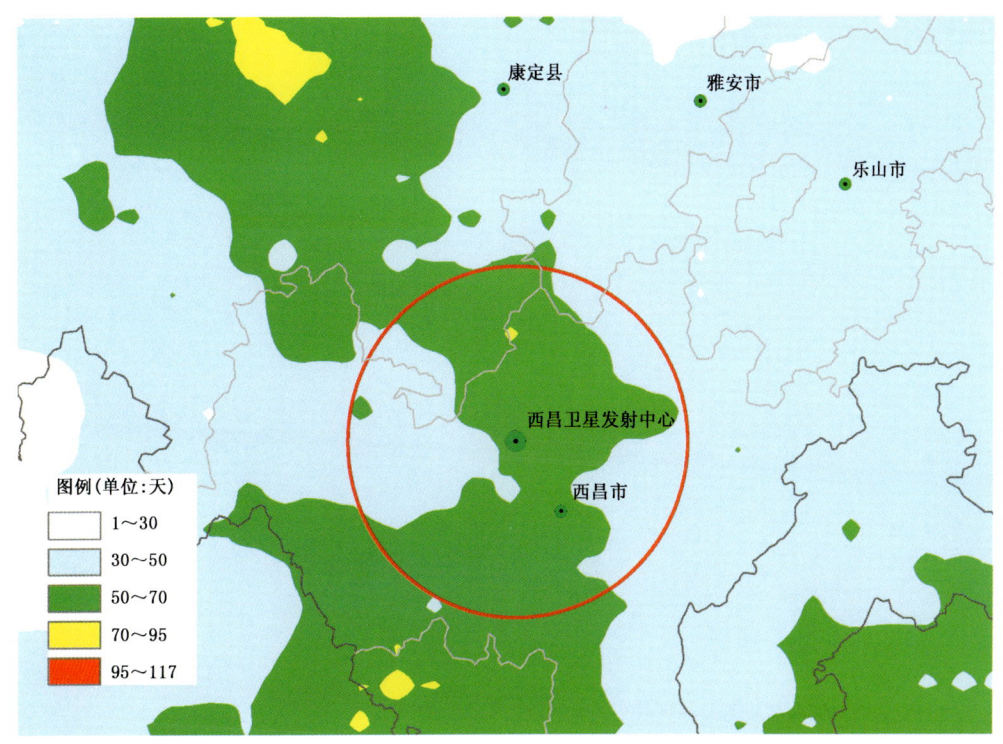

图 4.9　2009 年全国西昌卫星发射中心 100 千米范围内雷暴日分布图

五、太原卫星发射中心年雷暴日、雷电密度分布及雷电强度值

太原卫星发射中心地处我国北方黄土高原地区,4 月开始有少量雷电发生,6—8 月雷电相对较多,但较西昌发射中心少。太原卫星发射中心 2009 年逐月雷电数统计如表 4.5 和图 4.10,最高雷电密度为 3.49 次/(平方千米·年)(图 4.11),最高雷暴日为 31 天(图 4.12)。

表 4.5　太原卫星发射中心 2009 年逐月雷电数统计表

月份	总闪数	正闪数	负闪数
1	0	0	0
2	0	0	0
3	0	0	0
4	21	7	14
5	146	59	87
6	3343	196	3147
7	1323	190	1133
8	4869	194	4675

续表

月份	总闪数	正闪数	负闪数
9	152	61	91
10	629	55	574
11	127	22	105
12	0	0	0

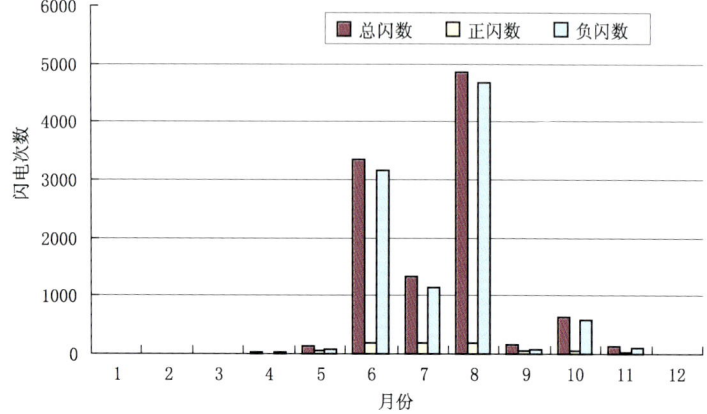

图 4.10 太原卫星发射中心 2009 年逐月雷电数分布图

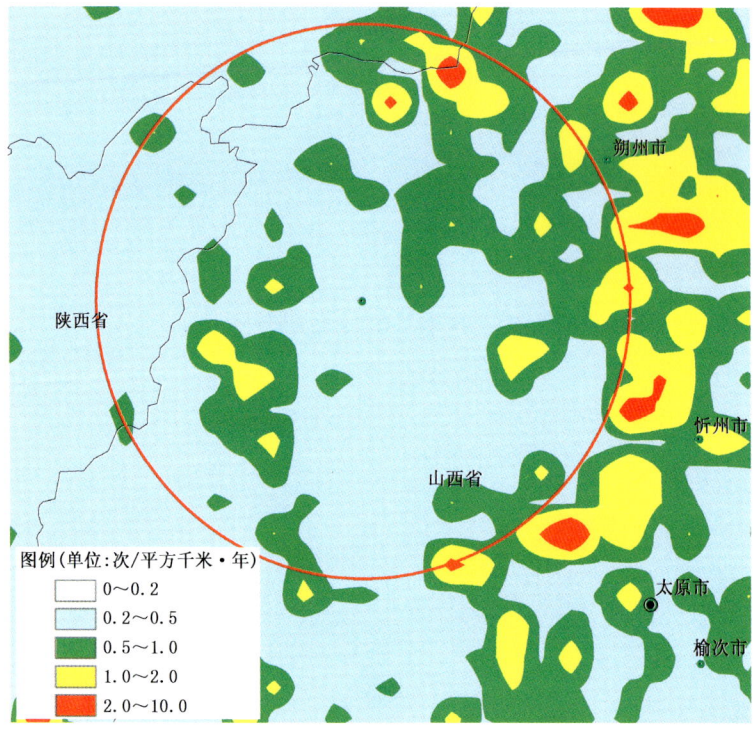

图 4.11 2009 年全国太原卫星发射中心 100 千米范围内雷电密度分布图

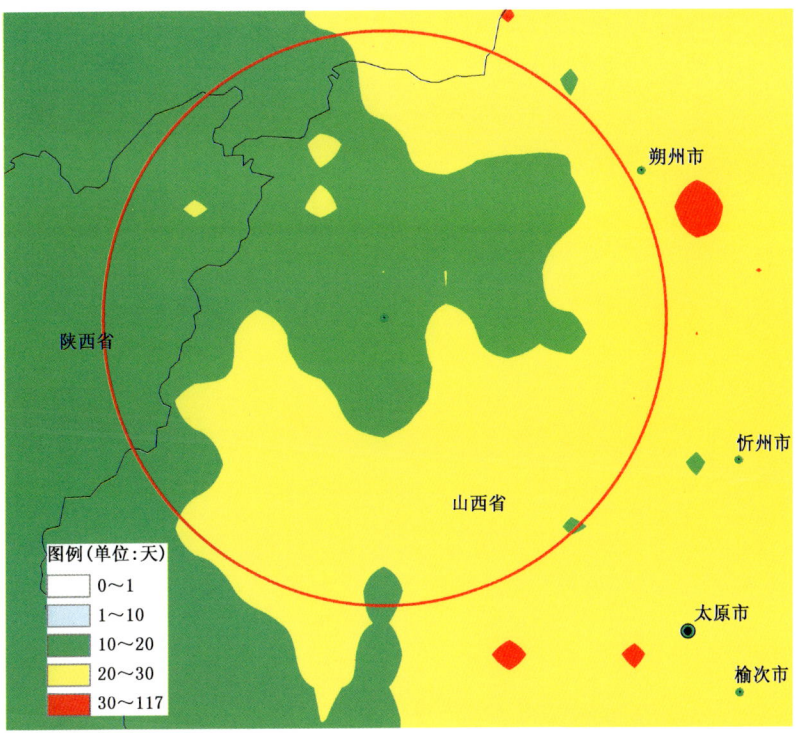

图 4.12　2009 年全国太原卫星发射中心 100 千米范围内雷暴日分布图

第五部分
2009年全国雷电信息专项服务

一、初春长江中下游地区雷电活动

2009年长江中下游地区的强对流活动来得较早,活动也较频繁。自2月中下旬始,长江中下游地区持续出现阴雨、雷电、冰雹天气。根据中国气象局国家雷电探测网探测数据显示,2009年2月14日至3月4日长江中下游地区共发生雷电79391次,其中正闪7074次,负闪72317次,正闪占总闪比例8.9%。远远大于往年同期的雷电发生数据,表现出雷电活动频繁,且较往年明显增强的趋势。与往年数据的比较如下表5.1所示。

表5.1 初春季节2月14日—3月4日长江中下游地区多年雷电数统计

年份	雷电次数
2006	2087
2007	15745
2008	90
2009	79391

雷电活动主要集中在湖南、湖北、江西、浙江等雷电活动较强的省份,其中发生在湖南、湖北、江西三省的雷电次数均在10000次以上,雷电活动位置分布见图5.1,部分省份的雷电活动数量对比见图5.2。

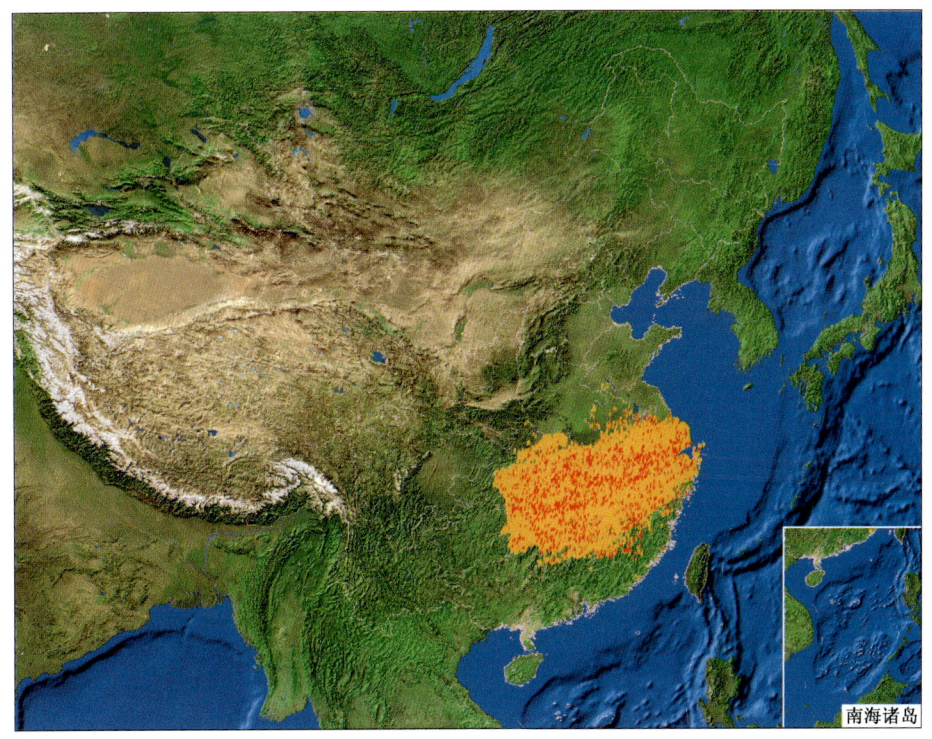

图 5.1 初春季节 2 月 14 日—3 月 4 日长江中下游地区雷电活动分布图
（红色表示正闪、橙色表示负闪）

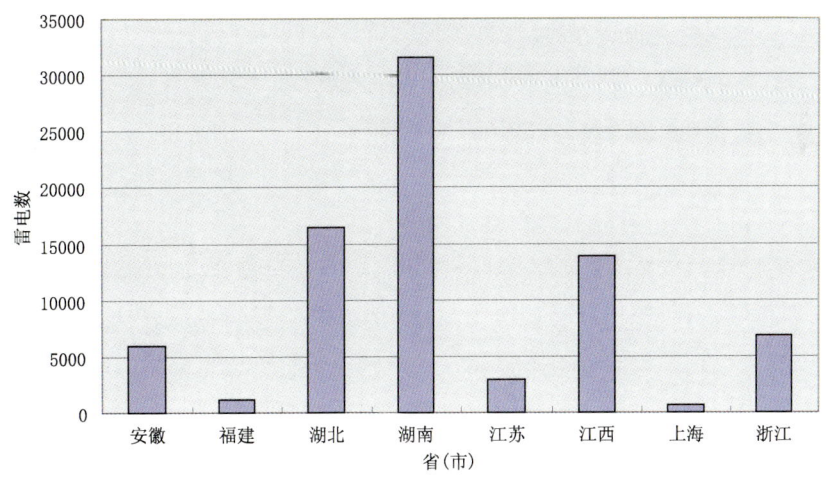

图 5.2 初春季节 2 月 14 日—3 月 4 日雷电活动数量对比图

长江中下游地区雷电活动从 2 月下旬开始活跃，主要集中在 2 月 24—26 日，其中最多一天（24 日）的雷电数为 20597 次，日报表如图 5.3 所示。

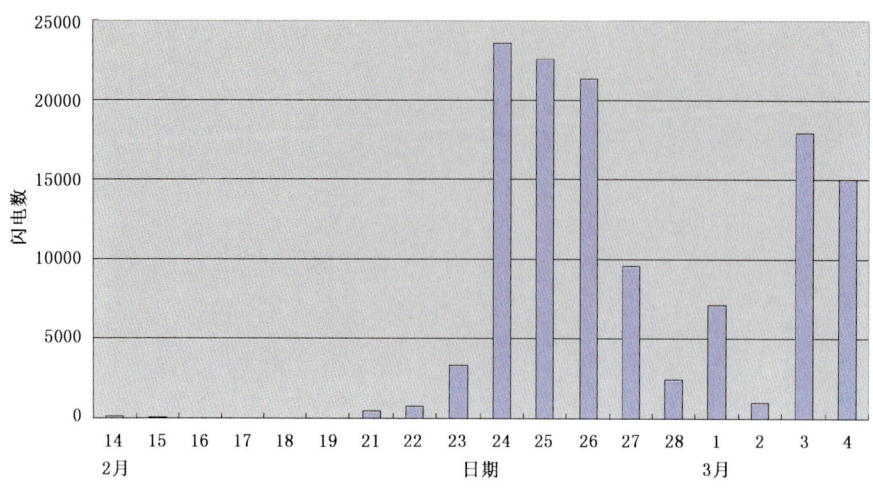

图 5.3 雷电活动日报表

伴随着雷电活动的活跃,由雷电引起的雷击灾害事故也进入多发期。统计显示,2 月全国共上报了 30 起雷电灾害事故。例如 2 月 25 日浙江省湖州市发生一起雷击事故,遭受雷击房屋包括三间二层楼房、平房两间及厨房一间。25 日 01 时 30 分左右,房屋西南屋角遭受雷击,造成屋角损坏,主梁内部分钢筋表面因雷电流作用而发黑,房屋多处被震裂,变成危房。房屋的电源线路、电话线路及有线电视线路均为架空引入,因雷电流作用,全部烧损。室内电源线路部分从墙体内爆裂,家用电器全部被击坏。因雷击损坏的电器设备主要包括空调 1 台、抽水泵 1 台、电冰箱 1 台、电视机 2 台、电风扇 3 台及电线开关等,整个雷击造成的直接损失(包括房屋在内),共计 337750 元。

二、5 月份华北黄淮地区雷电活动

进入 5 月份华北黄淮等地区出现雷暴等强对流天气,我国北方在 5 月份出现如此大范围的雷暴天气极为罕见。5 月份中国气象局国家雷电探测网探测到华北和黄淮地区发生雷电 4737 次,其中正闪 1781 次,负闪 2956 次,雷电活动位置分布见图 5.4。

雷电活动主要集中在河北、山西、山东等区域,多伴随着大范围降水,呈现局地性、频次高等特征(见图 5.5)。

雷电活动主要集中在 5 月 8—10 日、15—16 日、21—22 日、25 日,其中最多一天(16 日)的雷电数为 2540 次,日报表如图 5.6 所示。

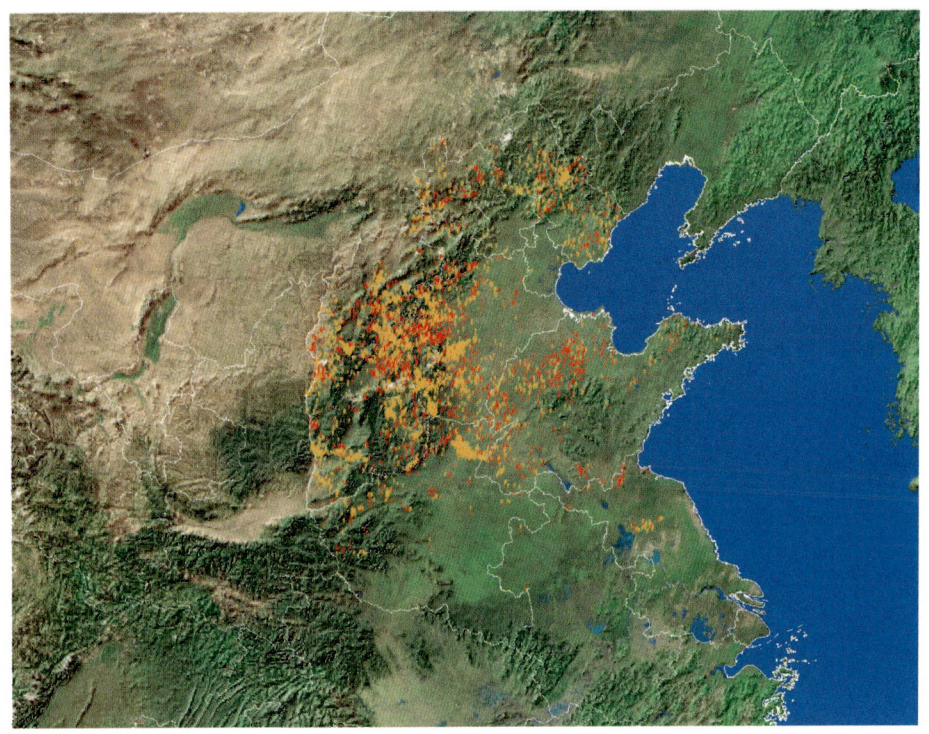

图 5.4　2009 年 5 月华北黄淮地区雷电位置分布图
（红色表示正闪、橙色表示负闪）

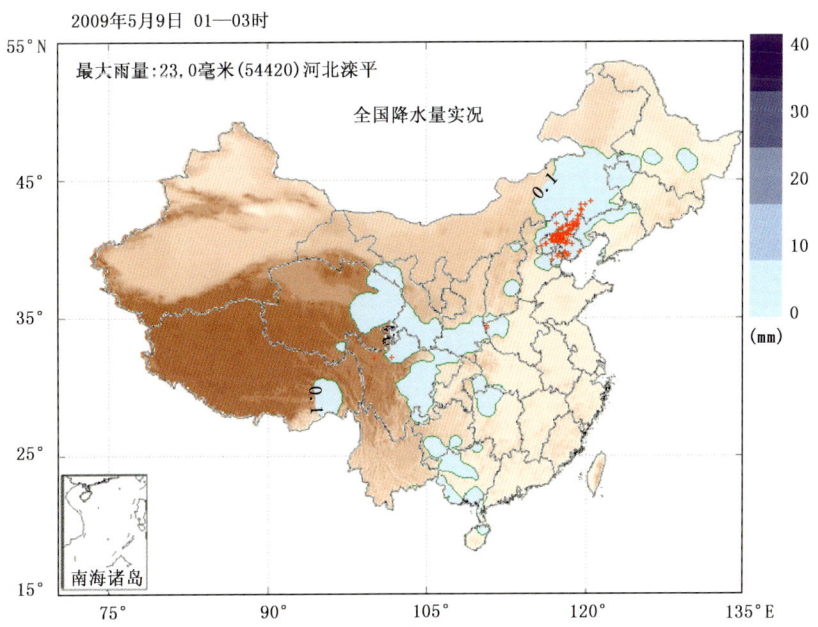

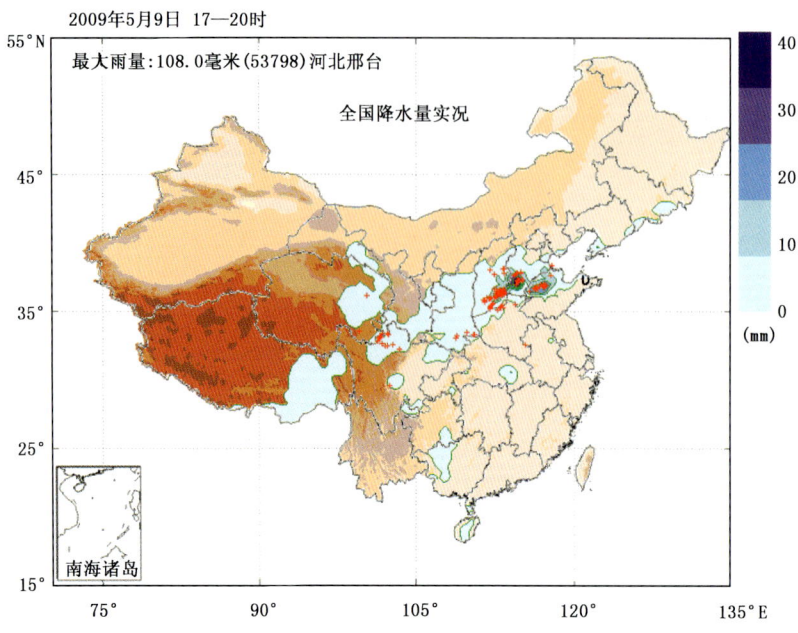

图 5.5 2009 年 5 月 9 日雷电与降水叠加图
（红十字表示闪电）

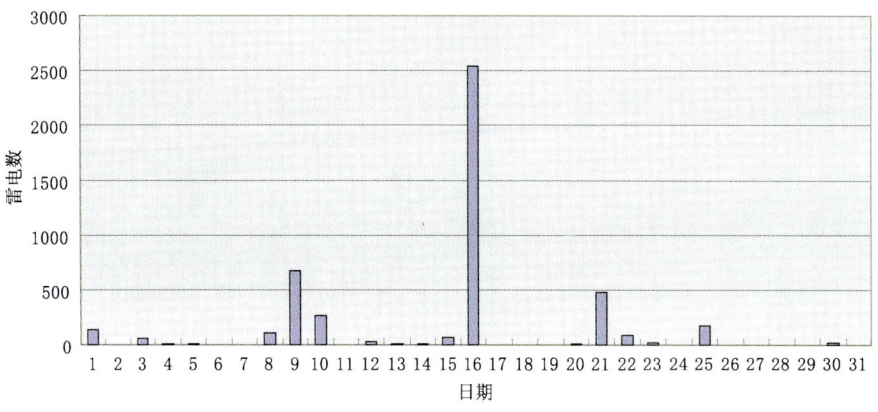

图 5.6 2009 年 5 月雷电活动日报表

三、6 月 3 日河南飑线过程雷电活动

6月3—4日，山西、河南、山东、安徽北部、江苏北部先后出现了雷暴大风等强对流天气，其中河南郑州、开封、商丘等地出现了强飑线天气。中国气象局国家雷电探测网探测到3日08时至4日08时河南省和安徽省共发生雷电2584次，其中正闪2105次，负闪479次，正闪比为81.46%，为通常夏季雷暴正闪比（<10%）的8倍左右（图5.7）。

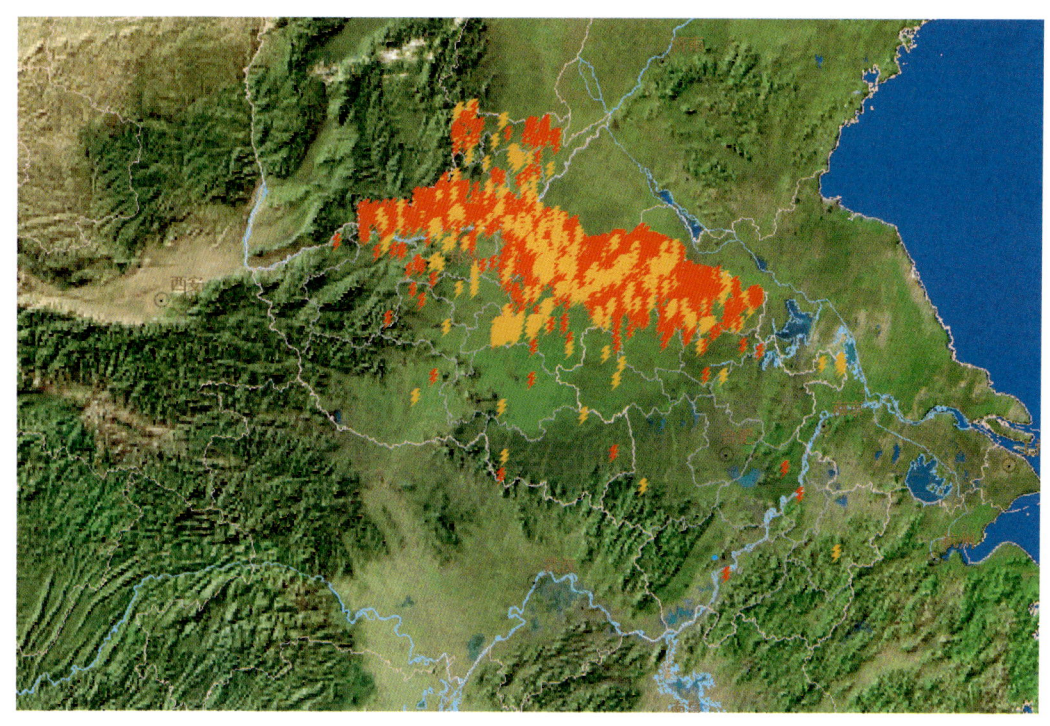

图 5.7　6 月 3 日河南飑线过程雷电分布
（红色表示正闪、橙色表示负闪）

雷电活动主要在商丘、开封、宿州、焦作等地区。高发时段集中在 3 日 20—23 时，其中 3 日 21 时雷电数最多，达到 574 次（图 5.8）。

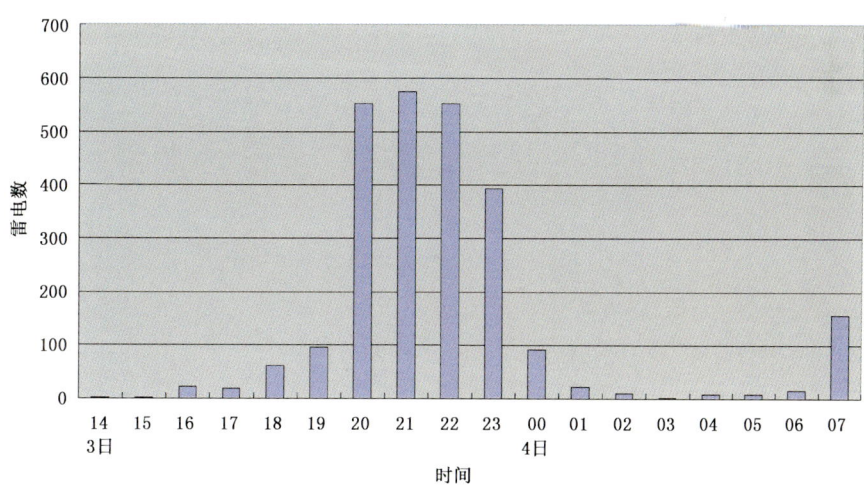

图 5.8　5 月 3—4 日河南飑线过程雷电数量逐时统计图

这次灾害天气过程损失严重，造成河南 22 人死亡（商丘 18 人、开封 2 人、济源 2 人），仅商丘市受灾人口就达到 241.92 万人。

四、6月8日北京市雷电活动

6月8日中国气象局国家雷电探测网共探测到发生在北京地区的雷电数据822次,其中正闪176次,负闪646次,正闪占总闪比例21.4%。雷电活动主要集中在北京西南、西北和东部区域,具体分布图如图5.9所示。

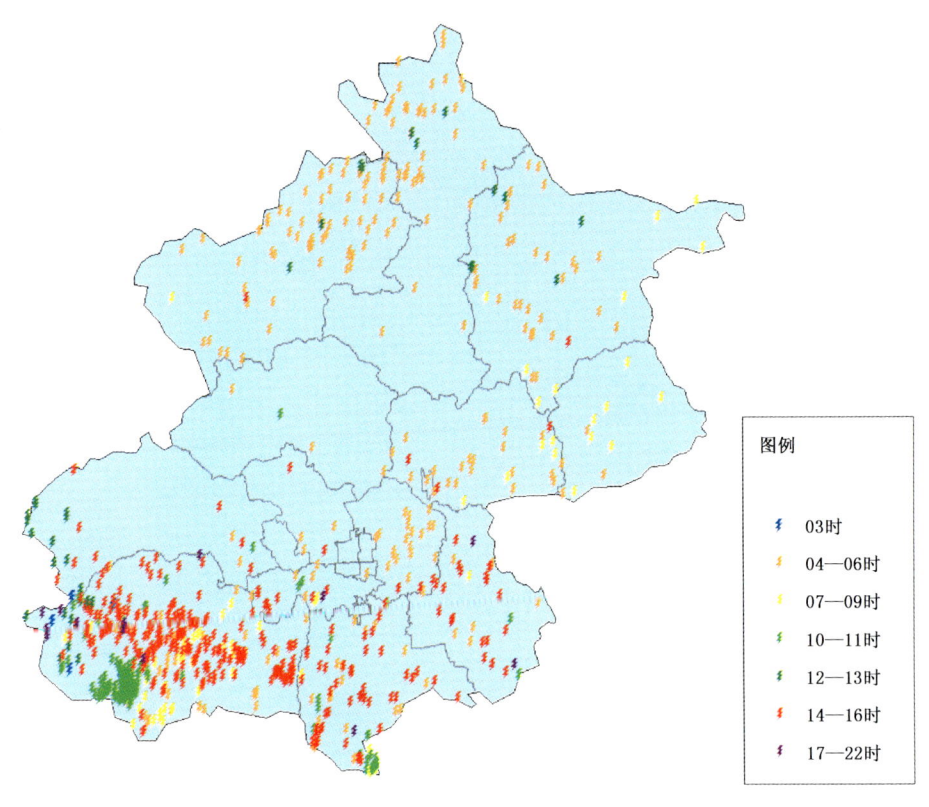

图5.9 6月8日北京市雷电活动分布图

北京市6月8日有三次雷暴过程,第一次雷暴过程产生于03时北京西南部地区,到04时左右雷电开始发展变强,至06时雷电活动范围已经扩大到北京大部分地区,雷电活动从07时出现减弱趋势,活动范围和雷电密度都明显减小,到09时雷电个数减少为16次;进入10时雷电活动在西南部地区再次增强,雷电个数明显回升,标志着第二次雷暴过程的开始,此次过程的特点是:过程持续时间短(11时雷暴活动发展到顶峰后迅速开始减弱,12时过程已经基本消亡),活动范围有限(主要集中在房山区西南部、大兴区南部地区);到13时进入了第三次雷暴过程,该过程发展迅速,高密度区域集中在房山、大兴和通州等地区,高频数时间集中在14时(雷电个数达到当日最大值164次),从15时雷电活动开始减弱,进入17时雷电现象基本结束。图5.10为6月8日雷电数量逐时统计图。

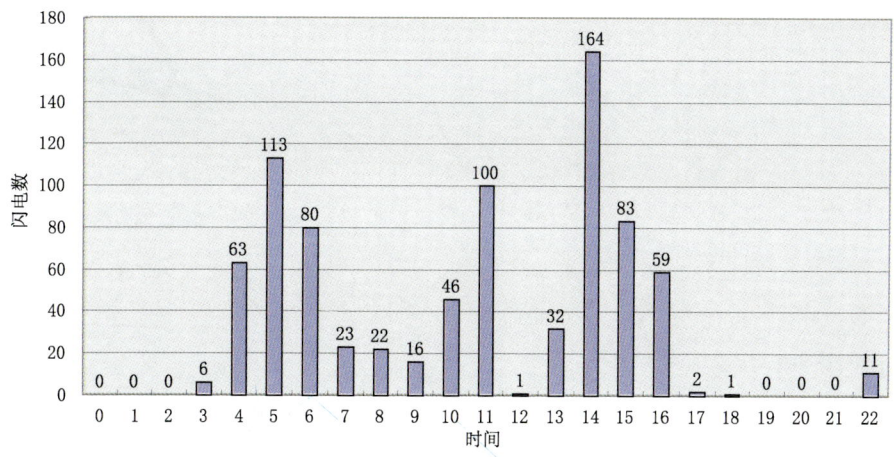

图 5.10　2009 年 6 月 8 日北京市雷电数量逐时统计图

五、国庆期间雷电活动

国庆节之前北京地区出现了几次区域性的雷电活动,其中影响比较大的一次发生在 9 月 26 日。国家雷电探测网 9 月 26 日 00—09 时探测到北京周边 300 千米范围内发生雷电 2821 次,其中正闪 449 次,负闪 2372 次,正闪占总闪比例 15.9%。雷电活动主要集中在延庆、密云、顺义和平谷等北京北部郊县、区地区,具体分布图如图 5.11 所示。

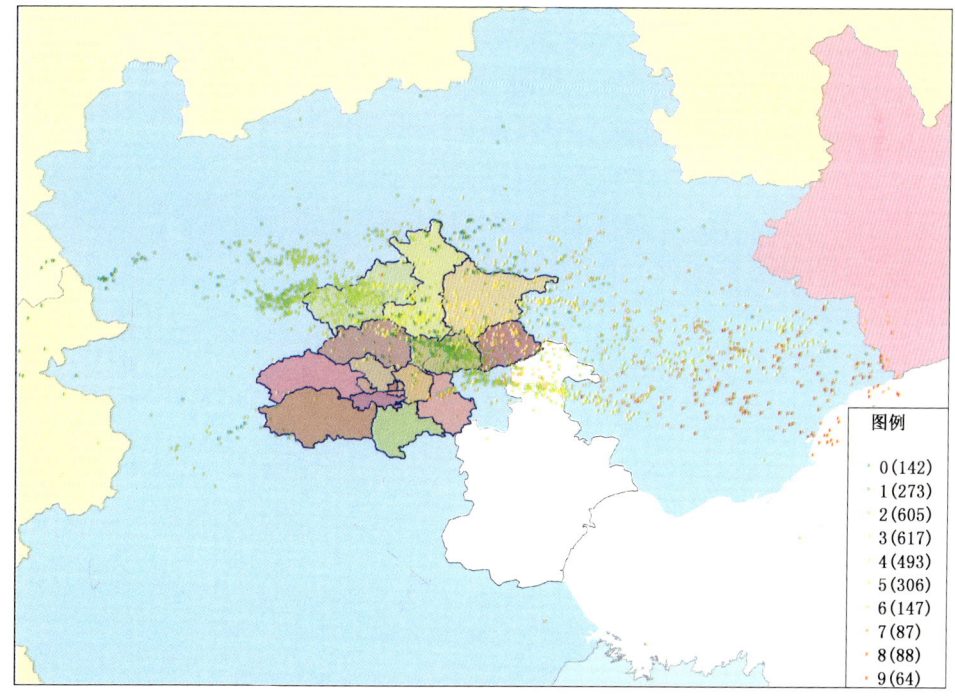

图 5.11　2009 年 9 月 26 日北京区域雷电活动

26日北京市主要有两个雷暴过程,第一个雷暴过程产生于子夜零时北京中部地区,到1时左右雷电开始发展变强,高密度区域集中在顺义区(顺义区1时发生雷电137次)。02时雷电活动开始向东南方向移动,雷暴主体逐渐离开北京区域,到达河北省廊坊地区;同时,在北京区域外张家口地区的雷电活动由西向东移动,至02时移至延庆西部边界地区,形成了一个新的雷暴过程,03时活动范围扩大到整个延庆西部地区。该过程发展较迅速,04时雷电活动进入最强盛阶段,整个北京地区发生雷电321次,雷暴主体也开始向东偏北方向移动,活动区域进一步扩大到延庆东部、昌平、怀柔等地区。从05时开始雷电活动出现减弱趋势,并向东南方向移动,活动范围主要集中在北京东北部郊县、区,进入06时雷暴主体基本离开北京区域。图5.12为9月26日北京地区发生的雷电数量统计情况。

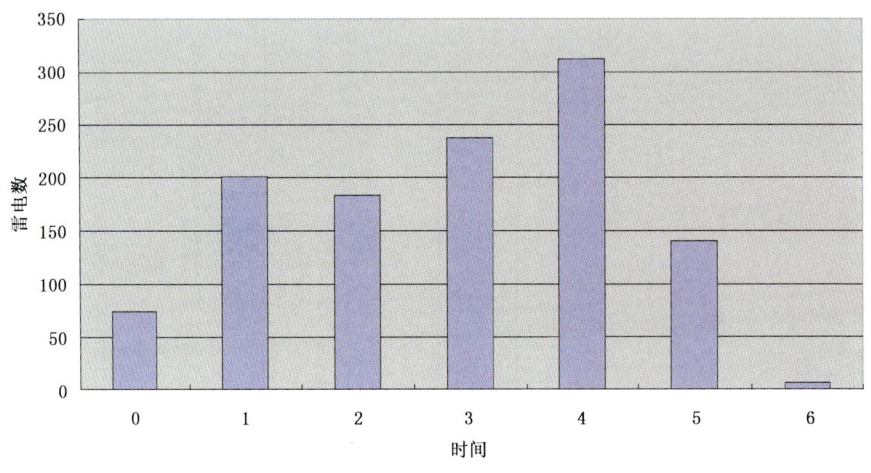

图5.12　2009年9月26日北京地区雷电数统计

9月30日凌晨在北京西北方向500千米处出现雷电活动,并逐渐向东南方向移动,统计显示30日全国共发生雷电4646次,主要集中在内蒙古中东部、河北省北部、北京以西地区。雷电过程从河套地区开始,自西向东发展,从北京北部过境到河北承德等地,最后移到渤海地区消失(图5.13和图5.14)。据全国雷电监测网监测到的数据显示,9月30日距离天安门最近的雷电位于天安门西南方向大约11千米处(图5.15),发生的时间是20:26:13。

六、南部地区11月9—10日雷电活动

2009年11月9—10日我国南部地区(包括安徽、江苏、湖北、重庆、四川、湖南、浙江、上海、江西、贵州、云南、福建、广东、广西、海南)共探测到雷电110686次,其中正闪7252次,负闪103434次,而2008年同期该地区探测到的雷电数量仅为11次。

通常,9—11月(秋季雷暴)雷电活动逐渐减少,雷电发生数量和范围明显减弱。6—8月(夏季雷暴)、9月、10月的日平均雷电数和11月9日和10日两日的日平均雷电数的比较如表5.2和图5.16。

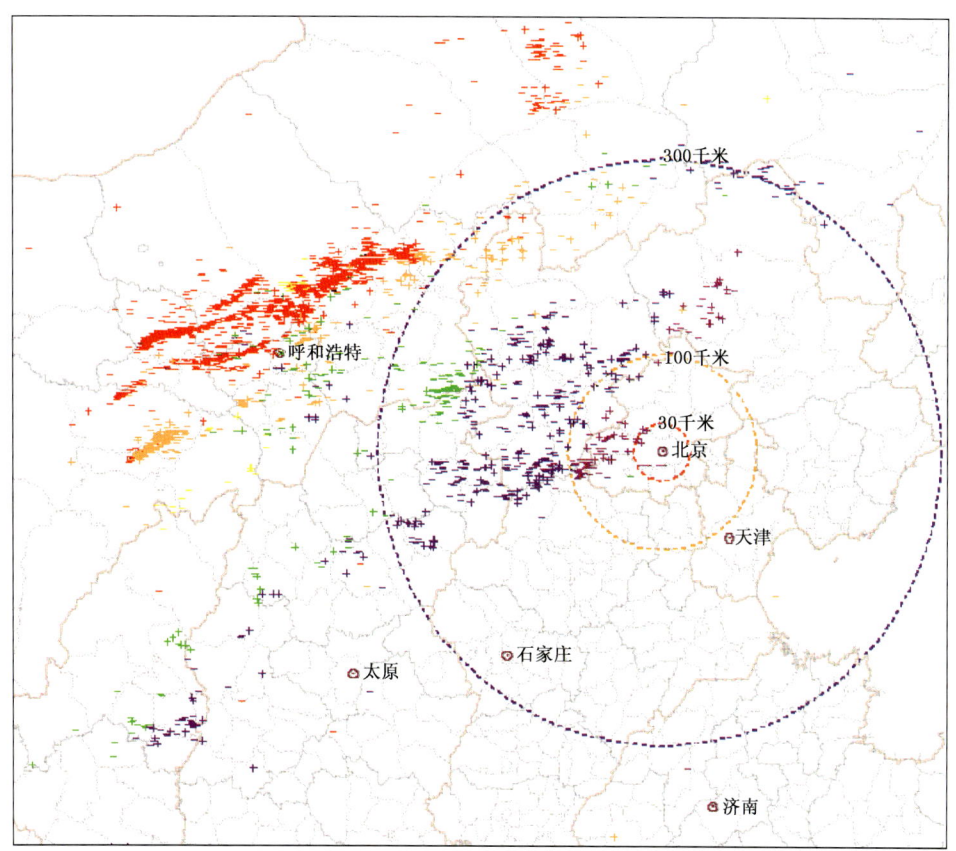

图 5.13　9 月 30 日北京周边 50 千米雷电位置分布图
（红色表示正闪、橙色表示负闪）

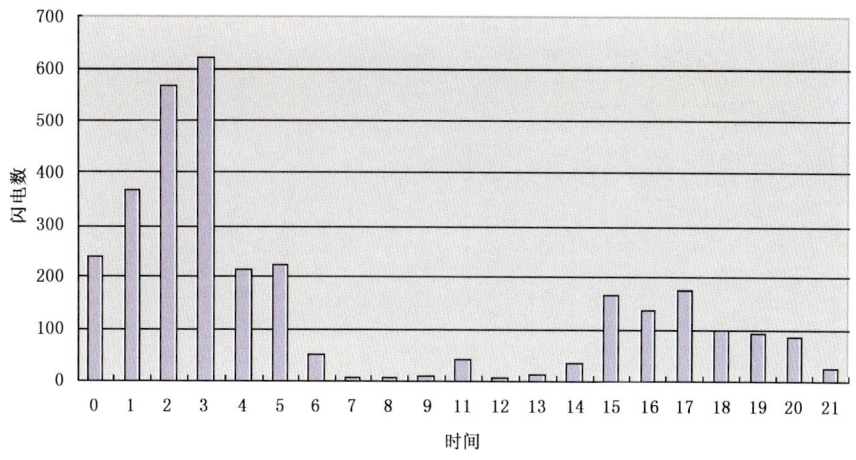

图 5.14　9 月 30 日北京周边 50 千米雷电数统计图

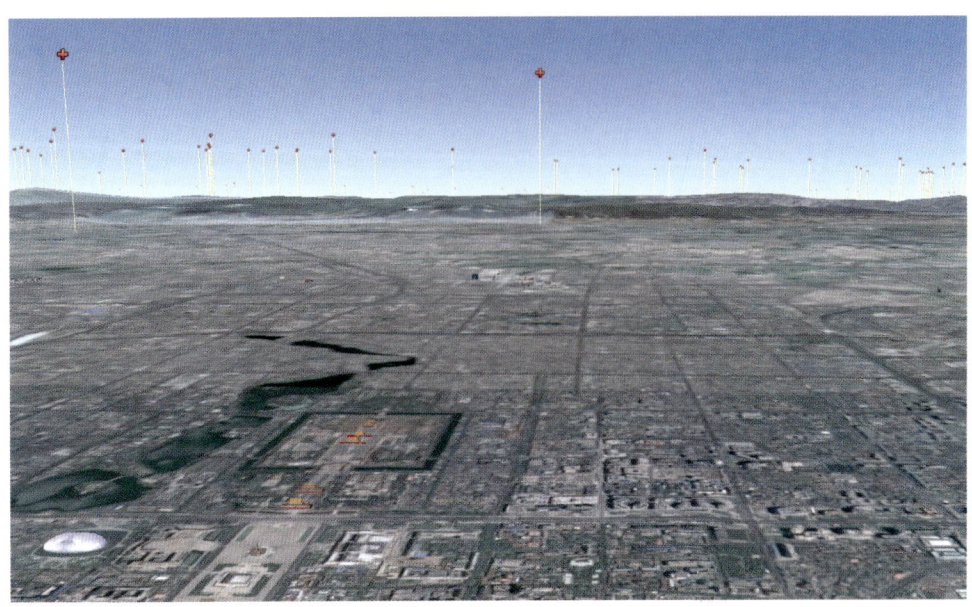

图 5.15　2009 年国庆天安门附近雷电位置三维分布图

表 5.2　中南部地区日平均雷电数统计表

省份	6—8月日平均	9月日平均	10月日平均	11月(9日、10日)两日平均
安徽	3470	215	28	6876
福建	2493	1680	2	1936
广东	5722	2746	13	320.5
广西	2270	2391	4	25
贵州	4690	1583	29	913
海南	22	507	53	1
湖北	3942	289	20	17053
湖南	2580	415	2	440
江苏	3038	34	27	784
江西	4728	2283	1	11294
上海	371	5	1	169
四川	6295	4890	150	1381
云南	4461	2597	312	10
浙江	3868	900	1	8717
重庆	1976	549	2	1457

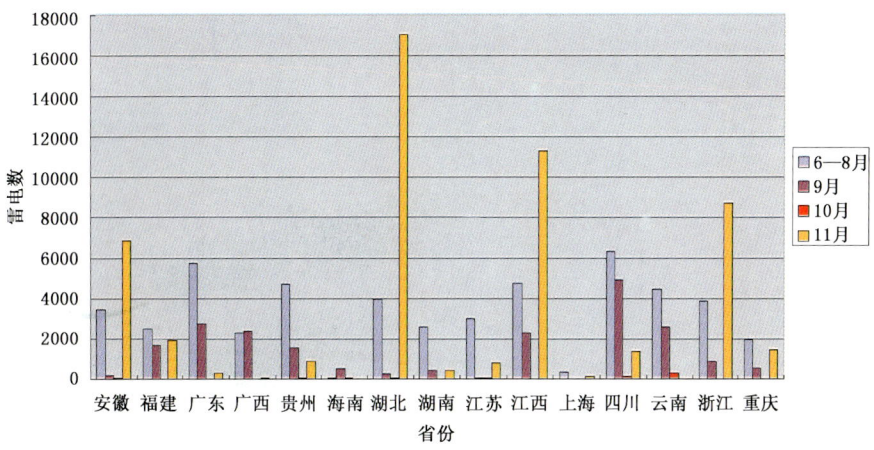

图 5.16 中南部地区日平均雷电数统计图

可见,11 月 9 日和 10 日湖北、江西、浙江、安徽四省的雷电活动情况较前几个月的平均水平有所增强,甚至超过了 6—8 月夏季雷暴多发季节的平均日雷电数。

11 月 9 日和 10 日雷电活动主要集中在湖北、江西、浙江、安徽四省,其中湖北省约占总雷电数的 31%(表 5.3)。

表 5.3 中南部地区各省雷电数报表

序号	省份	2008 年同期	2009 年同期
1	安徽	1	13753
2	福建	1	3872
3	广东	1	641
4	广西	0	50
5	贵州	0	1826
6	海南	0	2
7	湖北	0	34107
8	湖南	0	8808
9	江苏	0	1569
10	江西	2	22588
11	上海	1	338
12	四川	2	2763
13	云南	0	20
14	浙江	1	17435
15	重庆	2	2914
合计		11	110686

雷电活动从9日00时开始活跃,主要集中在9日01—05时、14—16时,其中15时雷电数最多,达到9628次(图5.17)。

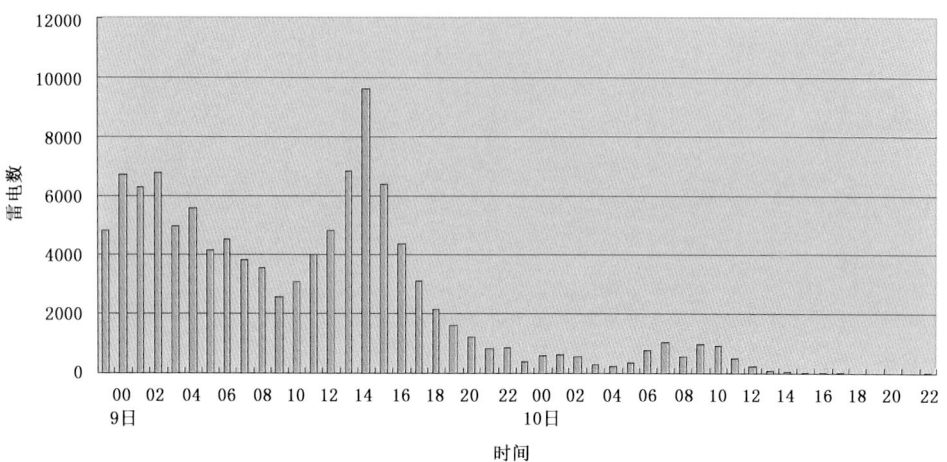

图 5.17　2009年11月9日和10日雷电数统计图

附录：全国雷电监测网运行情况统计

一、国家雷电监测网单个探测站运行情况

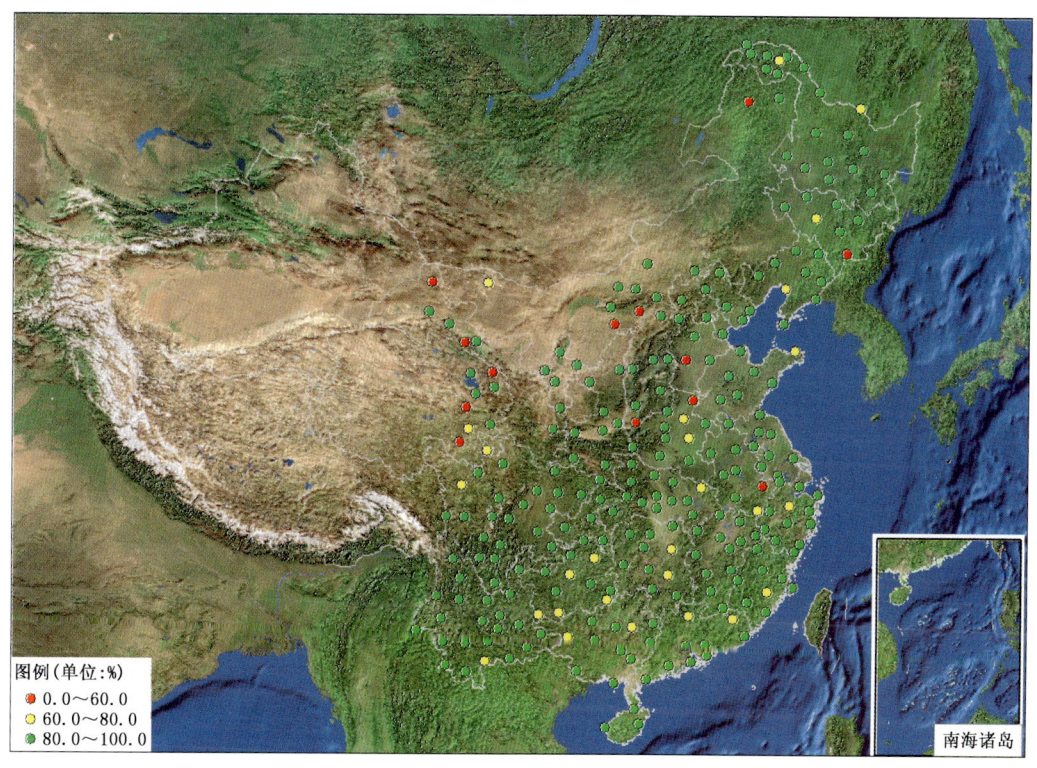

附图1 2009年全国雷电监测站网单站运行率图

附表1 国家雷电监测网单个探测站运行率统计表

站名	经度	纬度	省（区、市）	运行率(%)
安庆站	117.0438	30.5275	安徽	100.00
合肥站	117.244	31.9038		99.73
阜阳站	115.8148	32.9114		99.10
蚌埠站	117.3968	32.9223		98.60
六安站	116.5106	31.7414		96.38
黄山站	118.2846	29.7142		60.40
宣城站	118.7579	30.9323		26.58
北京站	116.469	39.8067	北京	98.44

续表

站名	经度	纬度	省（区、市）	运行率（%）
福鼎站	120.207	27.335	福建	100.00
龙岩站	117.0271	25.0993		100.00
宁化站	116.6536	26.2694		100.00
武夷山站	118.0233	27.756		100.00
厦门站	118.0798	24.4859		100.00
平潭站	119.7828	25.505		99.96
南平站	118.1652	26.6382		99.51
福州站	119.2894	26.0776		95.96
德化站	118.2419	25.4902		69.53
酒泉站	98.487	39.7715	甘肃	100.00
天水站	105.752	34.577		100.00
玉门站	97.0269	40.2702		100.00
张掖站	100.4347	38.9356		100.00
马鬃山站	97.0316	41.8052		0.00
肃南站	99.6197	38.8342		0.00
电白站	110.9887	21.546	广东	100.00
汕头站	116.679	23.3851		99.87
南澳站	114.4787	22.5418		99.68
惠州站	114.4067	23.0833		99.50
广州站	113.3403	23.1651		99.42
恩平站	112.2958	22.1768		88.60
珠海站	113.567	22.2751		88.06
韶关站	113.6081	24.6704		59.00
梅州站	116.1084	24.2777		57.33
北海站	109.136	21.4568	广西	100.00
河池站	108.039	24.6942		100.00
柳州站	109.4032	24.344		100.00
宁明站	107.064	22.1222		100.00
梧州站	111.3038	23.4783		100.00
玉林站	110.171	22.6442		100.00
贵港站	109.613	23.1096		98.53

续表

站名	经度	纬度	省(区、市)	运行率(%)
马山站	108.1653	23.7143	广西	97.33
贺州站	111.5262	24.4152		95.13
百色站	106.598	23.904		79.20
桂林站	110.3047	24.3226		42.10
安顺站	105.9097	26.2621	贵州	100.00
毕节站	105.2902	27.297		100.00
凯里站	107.9858	26.5963		100.00
黎平站	109.1362	26.2325		99.90
赤水站	105.7002	28.5818		99.80
道真站	107.6044	28.8861		96.28
桐梓站	106.8187	28.1292		95.43
从江站	108.9102	25.7565		65.80
望谟站	106.0894	25.1749		64.03
息烽站	106.7288	27.0979		62.70
兴义站	104.8975	25.0883		57.30
思南站	108.2505	27.9436		48.85
海口站	110.2469	19.9937	海南	98.10
东方站	108.6167	19.1		98.00
琼海站	110.4635	19.2328		97.80
围场站	117.766	41.9606	河北	100.00
丰宁站	116.6343	41.2102		99.92
遵化站	117.9649	40.1937		99.68
保定站	115.5153	38.8515		99.63
秦皇岛站	119.5103	39.8472		99.48
张家口站	114.892	40.7763		99.04
吴桥站	116.4162	37.6238		97.47
乐亭站	118.8856	39.429		92.98
蔚县站	114.5725	39.836		90.73
赵县站	114.7874	37.7468		28.23
正阳站	114.3762	32.6134	河南	100.00
商丘站	115.6733	34.4433		99.90

续表

站名	经度	纬度	省(区、市)	运行率(%)
南阳站	112.5731	33.0179	河南	99.60
焦作站	113.2662	35.2407		98.58
宝丰站	113.0384	33.8727		87.68
登封站	113.0133	34.4589		84.49
开封站	114.2949	34.8021		58.53
西华站	114.5193	33.7837		30.28
濮阳站	115.0318	35.6968		19.20
三门峡站	111.1678	34.7956		4.20
北安站	126.5005	48.2527	黑龙江	100.00
呼中站	123.5738	52.0353		100.00
牡丹江站	129.6	44.5633		99.88
哈尔滨站	126.7325	45.7223		99.81
伊春站	128.9121	47.742		99.75
新林站	124.4093	51.6797		99.69
鸡西站	130.9298	45.2982		99.26
爱辉站	127.4627	50.2481		99.00
通河站	128.7267	45.9827		98.89
齐齐哈尔站	123.9237	47.3762		98.67
漠河站	122.515	52.9738		97.43
绥化站	126.9669	46.6245		96.67
大庆站	125.1458	46.576		96.59
呼玛站	126.6545	51.7232		96.55
加格达奇站	124.109	50.3923		96.17
盘古站	123.854	52.681		90.21
十八站	125.3858	52.4353		90.21
北极村站	122.3617	53.4691		82.93
佳木斯站	129.877	46.7293		82.55
嘉荫站	130.4116	48.888		75.31
塔河站	124.7168	52.3481		66.46
天门站	113.1653	30.664	湖北	100.0
襄樊站	112.1677	32.0258		100.0

续表

站名	经度	纬度	省(区、市)	运行率(%)
神农架站	110.6603	31.7483	湖北	99.96
十堰站	110.7727	32.6553		99.21
荆门站	112.2124	30.9928		99.09
武汉站	114.1383	30.6247		98.92
荆州站	112.1481	30.3517		98.38
巴东站	110.35	31.0482		97.68
宜昌站	111.2972	30.7016		97.54
随州站	113.3386	31.6192		94.63
恩施站	109.471	30.2881		93.70
咸宁站	114.367	29.8513		90.66
麻城站	115.0247	31.1847		72.76
永州站	111.6166	26.2259	湖南	99.96
郴州站	113.0309	25.8018		99.92
常德站	111.6923	29.0481		99.88
邵阳站	111.4656	27.2289		99.03
岳阳站	113.0879	29.3808		95.79
安化站	111.2205	28.3846		91.89
张家界站	110.47	29.1313		85.66
怀化站	110.0031	27.5649		84.38
衡阳站	112.5959	26.8892		77.08
长沙站	112.9124	28.2121		69.93
桦甸站	126.7599	42.9783	吉林	100.00
前郭站	124.8669	45.0909		100.00
通榆站	123.0626	44.7948		100.00
敦化站	128.211	43.3675		99.40
舒兰站	126.9444	44.3978		96.85
长春站	125.2317	43.8914		71.90
临江站	126.8996	41.7993		25.00
淮安站	119.0194	33.6473	江苏	100.00
盱眙站	118.5213	32.9901		99.13
南通站	120.9767	32.0758		99.05

续表

站名	经度	纬度	省(区、市)	运行率(%)
扬州站	119.4238	32.4113	江苏	98.95
建湖站	119.7678	33.4651		98.59
宜兴站	119.8095	31.3385		98.46
南京站	118.8996	31.9316		95.86
徐州站	117.1587	34.2871		91.04
连云港站	119.2343	34.5492		88.02
广昌站	116.319	26.838	江西	100.00
景德镇站	117.1925	29.2862		100.00
宜春站	114.3694	27.7912		100.00
九江站	115.9966	29.7323		99.96
鹰潭站	117.056	28.2501		99.23
寻乌站	115.6422	24.9501		99.20
赣县站	115.0143	25.87		98.98
泰和县站	114.8882	26.7958		98.26
修水站	114.5752	29.0302		98.01
临川站	116.3493	27.9774		95.43
上饶站	117.9766	28.4426		86.95
南昌站	115.9014	28.59		86.58
本溪站	123.775	41.3066	辽宁	100.00
阜新站	121.7449	42.067		100.00
宽甸站	124.7819	40.7088		100.00
清原站	124.9088	42.0959		100.00
大连站	121.6405	38.9083		99.96
法库站	123.4007	42.4937		99.03
朝阳站	120.4291	41.5478		96.05
东港站	124.158	39.8778		94.90
营口站	122.1734	40.6655		78.75
包头站	109.8495	40.6634	内蒙古	100.00
达茂站	110.4353	41.7036		100.00
集宁站	113.0705	41.0295		100.00
苏尼特右旗站	112.6371	42.7572		99.73

续表

站名	经度	纬度	省(区、市)	运行率(%)
四子王旗站	111.6819	41.5266	内蒙古	96.40
正蓝旗站	116.0014	42.2338		93.50
额济纳旗站	101.0612	41.9569		77.90
东胜站	110.0132	39.8154		6.70
和林格尔站	111.8189	40.3992		0.00
图里河站	121.6858	50.4779		0.00
同心站	105.8927	36.9724	宁夏	100.00
银川站	106.2076	38.4714		100.00
中卫站	105.1772	37.5265		99.71
盐池站	107.39	37.7925		98.90
固原站	106.2014	35.6634		93.37
西宁站	101.7645	36.6273	青海	100.00
河南站	101.6012	34.7343		99.48
刚察站	100.1378	37.3306		99.34
共和站	100.6185	36.2749		99.11
久治站	101.4819	33.429		74.20
果洛站	100.2367	34.475		45.94
兴海站	99.9801	35.5898		19.30
达日站	99.6473	33.7583		6.80
门源站	101.6103	37.379		0.63
兖州站	116.8425	35.563	山东	100.00
章丘站	117.5425	36.6866		100.00
寒亭站	119.204	36.7576		99.87
青岛站	120.3287	36.0723		99.87
蒙阴站	117.9363	35.7088		99.80
河口站	118.5106	37.8737		97.30
威海站	122.1275	37.4713		52.30
忻州站	111.8228	38.9251	山西	100.00
太原站	112.5444	37.8695		99.96
阳泉站	113.5703	37.8525		99.92
长治站	112.8862	36.3192		99.76

续表

站名	经度	纬度	省(区、市)	运行率(%)
吕梁站	111.1134	37.5073	山西	99.38
大同站	113.33	40.0932		97.38
运城站	111.2079	35.621		93.11
宝鸡站	107.129	34.3523	陕西	100.00
吴旗站	108.1837	36.9151		100.00
汉中站	107.0403	33.0677		99.88
西安站	108.9728	34.4447		99.42
安康站	109.0433	32.6928		98.83
商南站	110.8914	33.5261		98.50
绥德站	110.2574	37.4929		96.45
宜君站	109.1131	35.4039		94.11
大荔站	109.9689	34.7974		94.10
广元站	105.8525	32.4388	四川	99.30
绵阳站	104.7265	31.4402		99.29
自贡站	104.7735	29.3568		99.25
康定站	101.9605	30.0549		99.25
雅安站	102.9966	29.9831		99.25
越西站	102.5118	28.6505		98.88
会理站	102.2425	26.652		98.84
遂宁站	105.5638	30.5063		98.23
理塘站	100.2707	29.9944		97.91
红原站	102.5485	32.793		96.83
九龙站	101.5009	29.008		96.64
西昌站	102.2438	27.8971		95.55
小金站	102.3568	30.9991		94.77
南部站	106.0652	31.3444		91.39
巴塘站	99.1078	30.0028		89.92
达州站	107.5068	31.2075		88.73
木里站	101.275	27.9294		85.17
温江站	103.8573	30.7058		84.05
壤塘站	100.9815	32.2682		80.55

续表

站名	经度	纬度	省(区、市)	运行率(%)
甘孜站	99.9977	31.619	四川	73.70
天津站	117.4667	38.8428	天津	99.50
耿马站	99.406	23.5348	云南	100.00
广南站	105.0517	24.0537	云南	100.00
景洪站	100.7824	22.0127	云南	100.00
昆明站	102.6532	25.0078	云南	100.00
施甸站	99.185	24.7302	云南	99.96
丽江站	100.2175	26.8469	云南	99.62
金平站	103.2319	22.7858	云南	99.35
双柏站	101.634	24.6878	云南	99.30
昭通站	103.7188	27.3518	云南	98.88
东川站	103.1698	26.0908	云南	98.78
元江站	101.9943	23.5974	云南	98.77
文山站	104.239	23.3752	云南	98.76
大理站	100.1822	25.7106	云南	97.92
香格里拉站	99.7051	27.839	云南	97.28
元谋站	101.8718	25.7224	云南	97.17
孟连站	99.5919	22.3151	云南	96.87
瑞丽站	97.8458	24.0003	云南	96.81
玉溪站	102.55	24.3333	云南	95.46
泸水站	98.8607	25.859	云南	94.73
泸西站	103.7495	24.5258	云南	94.14
景谷站	100.7008	23.5	云南	93.05
江城站	101.8568	22.5865	云南	68.44
淳安站	119.034	29.6053	浙江	100.00
平湖站	121.0872	30.6093	浙江	99.96
龙泉站	119.1422	28.0699	浙江	99.88
永康站	120.0167	28.9053	浙江	99.88
江山站	118.6016	28.7099	浙江	99.76
长兴站	119.888	30.9979	浙江	99.42
平阳站	120.5618	27.6842	浙江	97.54

续表

站名	经度	纬度	省(区、市)	运行率(%)
定海站	122.107	30.0352	浙江	95.84
洪家站	121.4164	28.6179		92.67
宁海站	121.4406	29.3183		89.43
诸暨站	120.26	29.7014		61.00
沙坪坝站	106.4611	29.5758	重庆	99.89
石柱站	108.1207	29.9938		98.26
酉阳站	108.7652	28.8358		95.14
城口站	108.6633	31.9445		94.37
云阳站	108.6859	30.9422		90.66

二、国家雷电监测网各省(区、市)探测站运行情况

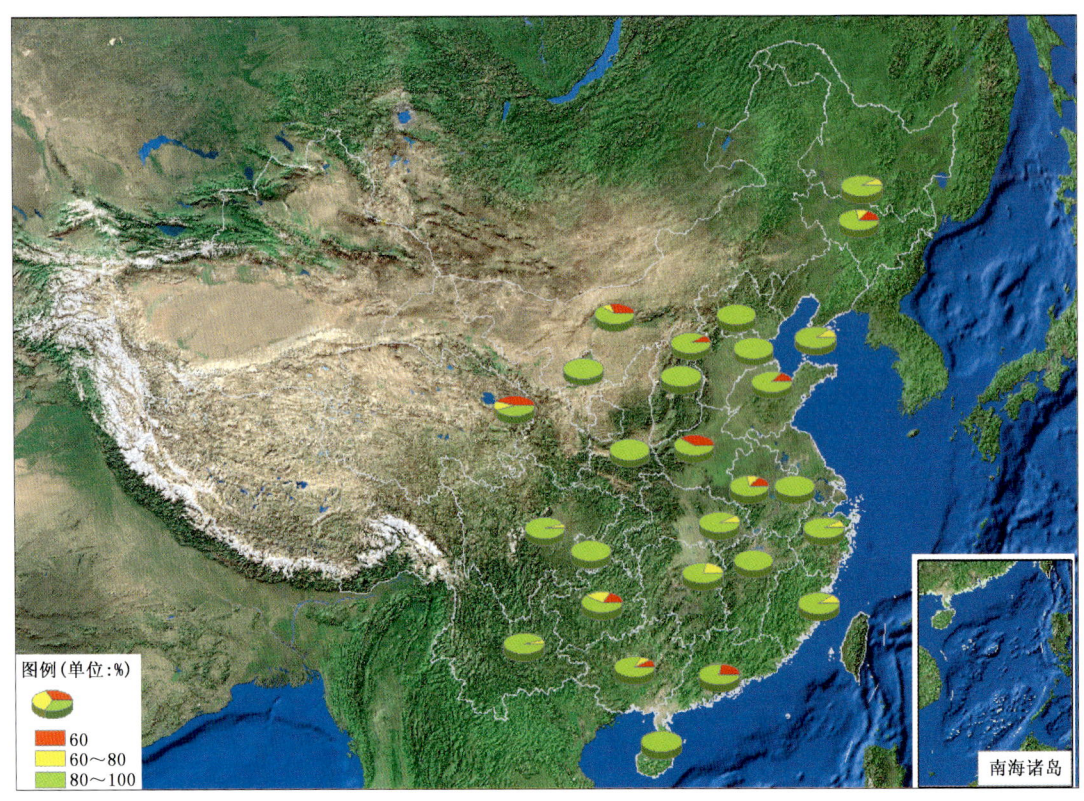

附图2　2008年全国雷电监测站网各省运行率图

附表 2　国家雷电监测网各省(区、市)运行率统计表

省(区、市)	总运行率(%)	运行率 <60%站数	运行率 60%~80%站数	运行率 >80%站数	总站数
安徽	82.97	1	1	5	7
北京	98.44	0	0	1	1
福建	96.11	0	1	8	9
甘肃	66.67	2	0	4	6
广东	87.94	2	0	7	9
广西	92.03	1	1	9	11
贵州	82.51	2	3	7	12
海南	97.97	0	0	3	3
河北	90.72	1	0	9	10
河南	68.24	4	0	6	10
黑龙江	93.62	0	2	19	21
湖北	95.58	0	1	12	13
湖南	90.35	0	2	8	10
吉林	84.74	1	1	5	7
江苏	96.57	0	0	9	9
江西	96.88	0	0	12	12
辽宁	96.52	0	1	8	9
内蒙古	67.42	3	1	6	10
宁夏	98.39	0	0	5	5
青海	60.54	4	1	4	9
山东	92.73	1	0	6	7
山西	98.5	0	0	7	7
陕西	97.92	0	0	9	9
四川	93.37	0	1	19	20
天津	99.5	0	0	1	1
云南	96.6	0	1	21	22
浙江	94.12	0	1	10	11
重庆	95.66	0	0	5	5
总计	89.68	22	18	225	265